▶数学Aの学習記録表は次のページにあります。

項目	学習日 月／日	問題番号＆チェック	メモ	検印
29	／	85　86　87		
30	／	88　89　90		
31	／	91　92		
32	／	93　94　95　96		
33	／	97　98　99　100		
34	／	101　102　103		
35	／	104　105　106		
36	／	107　108　109		
37	／	110　111		
38	／	112　113		
39	／	114　115		
40	／	116　117　118　119		
41	／	120　121		
42	／	122　123		
43	／	124　125　126		
44	／	127　128		
45	／	129　130		
46	／	131　132　133		
47	／	134　135		
48	／	136　137		
49	／	138　139		

学習記録表の使い方

●「学習日」の欄には，学習した日付を記入しましょう。

●「問題番号＆チェック」の欄には，以下の基準を参考に，問題番号に○，△，×をつけましょう。

　○：正解した，理解できた

　△：正解したが自信がない

　×：間違えた，よくわからなかった

●「メモ」の欄には，間違えたところや疑問に思ったことなどを書いておきましょう。復習のときは，ここに書いたことに気をつけながら学習しましょう。

●「検印」の欄は，先生の検印欄としてご利用いただけます。

学習記録表 数学A

項目	学習日 月／日	問題番号＆チェック	メモ	検印
1	／	1　2　3　4		
2	／	5　6　7　8		
3	／	9　10		
4	／	11　12　13		
5	／	14　15　16　17		
6	／	18　19		
7	／	20　21　22		
8	／	23　24　25		
9	／	26　27　28　29		
10	／	30　31		
11	／	32　33　34		
12	／	35　36　37		
13	／	38　39　40		
14	／	41　42　43		
15	／	44　45　46		
16	／	47　48　49		
17	／	50　51　52		
18	／	53　54　55		
19	／	56　57　58		
20	／	59　60		
21	／	61　62		
22	／	63　64　65		
23	／	66　67　68		
24	／	69　70　71		
25	／	72　73　74		
26	／	75　76		
27	／	77　78		
28	／	79　80　81　82		
29	／	83　84　85		
30	／	86　87		
31	／	88　89　90		

この問題集で学習するみなさんへ

本書は，教科書「新編数学Ⅰ」，「新編数学A」に内容や配列を合わせてつくられた問題集です。教科書と同程度の問題を選んでいるので，本書にある問題を反復練習することによって，基礎力を養い学力の定着をはかることができます。

学習項目は，教科書の配列をもとに内容を細かく分けています。また，各項目は以下のような見開き2ページで構成されています。

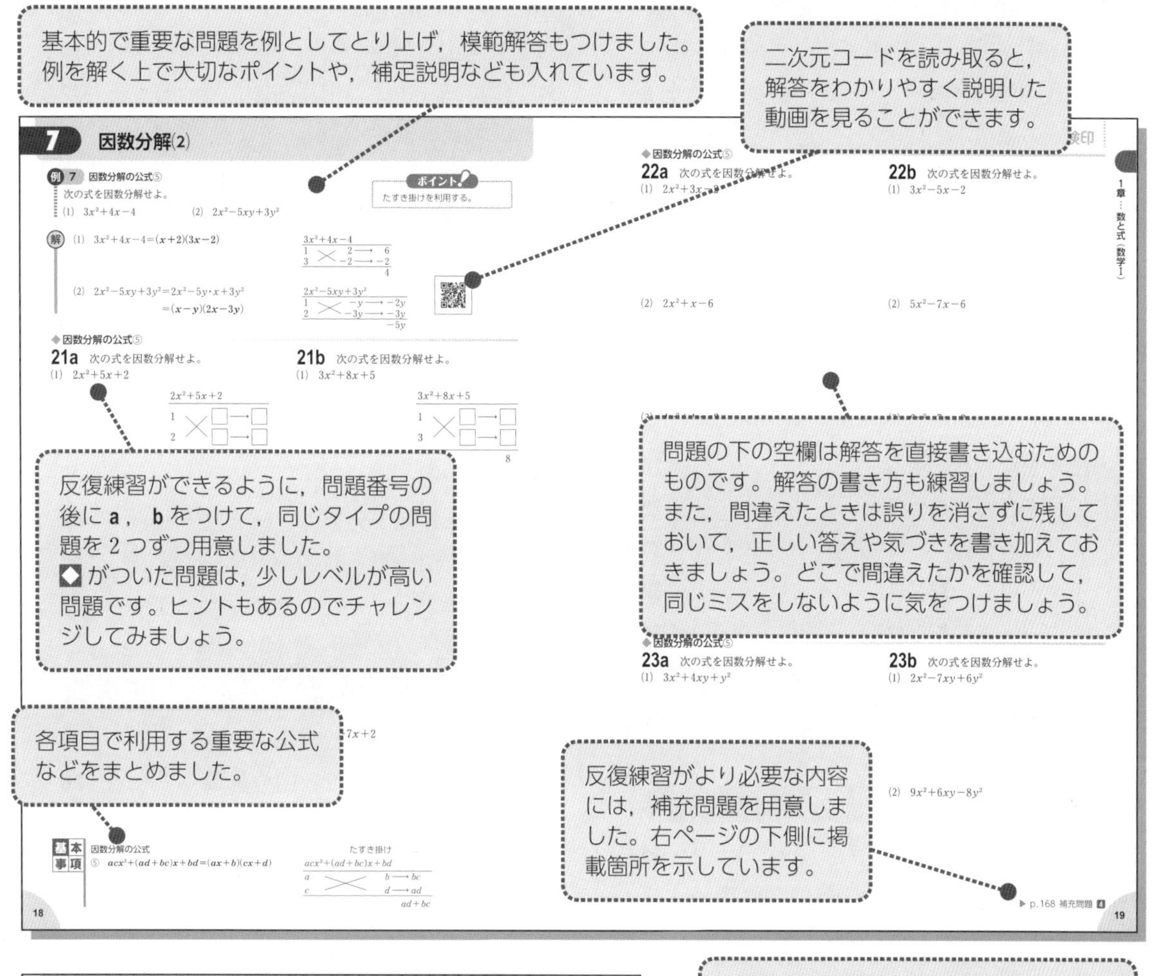

18 関数，$y=ax^2$ のグラフ 座標，1次関数を確認しよう

既習事項が復習できるWebアプリを，一部の項目に用意しました。

巻末には略解があるので，自分で答え合わせができます。詳しい解答は別冊で扱っています。

また，巻頭にある「学習記録表」に学習の結果を記録して，見直しのときに利用しましょう。間違えたところや苦手なところを重点的に学習すれば，効率よく弱点を補うことができます。

◆学習支援サイト「プラスウェブ」のご案内

本書に掲載した二次元コードのコンテンツをパソコンで見る場合は，以下のURLからアクセスできます。

https://dg-w.jp/b/4a40001

注意 コンテンツの利用に際しては，一般に，通信料が発生します。
先生や保護者の方の指示にしたがって利用してください。

もくじ

数学Ⅰ

数学A

問題総数

	Ⅰ	A	Ⅰ＋A
ウォーミングアップ	5	0	5
例	49	31	80
問題 a	139	90	229
問題 b	139	90	229
補充問題	11	12	23
総数	343	223	566

0 ウォーミングアップ

計算のきまりを確認しよう

◆正の数，負の数の加法と減法

1 次の計算をせよ。

(1) $-11+6$　(2) $-4+(-9)$　(3) $0-(-2)$

(4) $-5-(-10)$　(5) $-10-9+7$　(6) $1-(-8)-6$

2 次の計算をせよ。

(1) $\frac{1}{7}-\frac{3}{7}$　(2) $-\frac{5}{8}+\frac{7}{8}$　(3) $\frac{1}{2}+\frac{1}{4}$

(4) $\frac{3}{2}+\left(-\frac{1}{5}\right)$　(5) $3-\left(-\frac{2}{5}\right)$　(6) $\frac{1}{6}-\frac{5}{14}$

(7) $\frac{3}{4}-\frac{1}{5}+\frac{1}{4}$　(8) $-\frac{5}{6}+\frac{3}{2}-3+\frac{1}{3}$

◆正の数，負の数の乗法

3 次の計算をせよ。

(1) $(-10)\times4$　(2) $(-5)\times(-3)$　(3) $0\times(-12)$

(4) $\frac{5}{6}\times3$　(5) $\frac{2}{3}\times\left(-\frac{4}{5}\right)$　(6) $-\frac{2}{3}\times\left(-\frac{9}{4}\right)$

(7) -3^3　(8) $(-3)^3$　(9) $(-3)^4$

◆正の数，負の数の除法

4 次の計算をせよ。

(1) $32 \div (-8)$　(2) $(-7) \div (-1)$　(3) $0 \div (-15)$

(4) $2 \div \frac{5}{3}$　(5) $\frac{1}{3} \div \left(-\frac{7}{6}\right)$　(6) $-\frac{4}{5} \div \left(-\frac{8}{25}\right)$

(7) $-12 \div (-3) \times 8$　(8) $-\frac{3}{5} \div \left(-\frac{4}{5}\right) \div \left(-\frac{1}{2}\right)$

◆四則の混じった計算

5 次の計算をせよ。

(1) $1 \times (-5) - (-3) \times 2$　(2) $8 \times 3 - (-12 + 7) \times 2$

(3) $3^2 - 4 \times 2 \times (-1)$　(4) $3 \times (-2)^2 - 4 \times (-2) - 2$

(5) $\{1 - (5 - 8)^2\} \times 2$　(6) $3 + \{4 - 5 \times (2 - 4)\}$

(7) $\frac{4}{5} \times \left(-\frac{1}{3}\right) - \frac{1}{5} \div (-3)$　(8) $12 \times \left(-\frac{1}{6} + \frac{3}{2}\right)$

1 整式

例 1 整式の整理

整式 $4x-1+5x^2-x-3x^2+2$ を降べきの順に整理せよ。

解
$$\begin{aligned}&4x-1+5x^2-x-3x^2+2\\=&(5x^2-3x^2)+(4x-x)+(-1+2)\\=&(5-3)x^2+(4-1)x+1\\=&\mathbf{2x^2+3x+1}\end{aligned}$$

次数の高い項から順に並べる。
同類項をまとめる。

◆文字を含む式の表し方

1a 次の式を，文字を含む式の表し方の決まりにしたがって書け。

(1) $x\times z$

(2) $4\times a\times a\times a$

(3) $x\div 7$

(4) $b\times 3\times a\times a$

1b 次の式を，文字を含む式の表し方の決まりにしたがって書け。

(1) $a\times(-2)$

(2) $x\times x\times x\times x$

(3) $(a+b)\div 3$

(4) $x\times y\times(-1)\times y$

◆単項式の次数と係数

2a 次の単項式について，[ ]内の文字に着目したときの次数と係数を答えよ。

(1) $7x^2y^4$ $[y]$

(2) $-a^3b$ $[b]$

2b 次の単項式について，[ ]内の文字に着目したときの次数と係数を答えよ。

(1) $-3x^5y^3$ $[x]$

(2) a^2bc $[b]$

基本事項

(1) 文字を含む式の表し方
① 乗法記号×は省いて書く。
② 文字と数の積では，数を文字の前に書く。
③ 同じ文字の積は 2 乗，3 乗などの形で表す。
④ 除法記号÷は使わず，分数の形で書く。
(注意) 文字と文字の積はアルファベット順に書くことが多い。

(2) 整式の整理
・整式
　単項式…いくつかの文字や数の積として表される式。掛けている文字の個数を**次数**，数の部分を**係数**という。
　多項式…いくつかの単項式の和として表される式。各単項式をこの多項式の**項**といい，着目した文字の部分が同じである項を**同類項**という。
・整式の同類項をまとめ，次数の高い項から順に並べることを**降べきの順**に整理するという。
同類項をまとめた整式において，各項の次数のうち最も高いものを，その整式の**次数**といい，着目した文字を含まない項を**定数項**という。

◆整式の整理

3a 次の整式を降べきの順に整理せよ。

(1) $3x+2+2x-4$

(2) $2x^2+x-1+x^2-2x+3$

(3) $2x^2-1-3x+x^2-5x$

3b 次の整式を降べきの順に整理せよ。

(1) $-x-3+4x+5$

(2) $-x^2-2x+3+x^2+4x-6$

(3) $3x^2+2+5x-6x-4x^2$

◆整式の次数と定数項

4a 整式 $x^2+3xy+y-x-6$ について，x に着目したときの次数と定数項を答えよ。また，y に着目したときの次数と定数項を答えよ。

4b 整式 $x^2+4xy+y^2+x-3y-3$ について，x に着目したときの次数と定数項を答えよ。また，y に着目したときの次数と定数項を答えよ。

2 整式の加法・減法

例 2 定数倍された整式の加法・減法

$A=2x^2-x+1$，$B=x^2+3x-2$ のとき，次の式を計算せよ。

(1) $A-B$　　　(2) $4A-3B$

解 (1) $A-B=(2x^2-x+1)-(x^2+3x-2)$

$=2x^2-x+1-x^2-3x+2$

$=(2x^2-x^2)+(-x-3x)+(1+2)$

$=\boldsymbol{x^2-4x+3}$

−(　)のときは，符号を変える。
同類項をまとめる。

(2) $4A-3B=4(2x^2-x+1)-3(x^2+3x-2)$

$=8x^2-4x+4-3x^2-9x+6$

$=(8x^2-3x^2)+(-4x-9x)+(4+6)$

$=\boldsymbol{5x^2-13x+10}$

(　)をはずす。
同類項をまとめる。

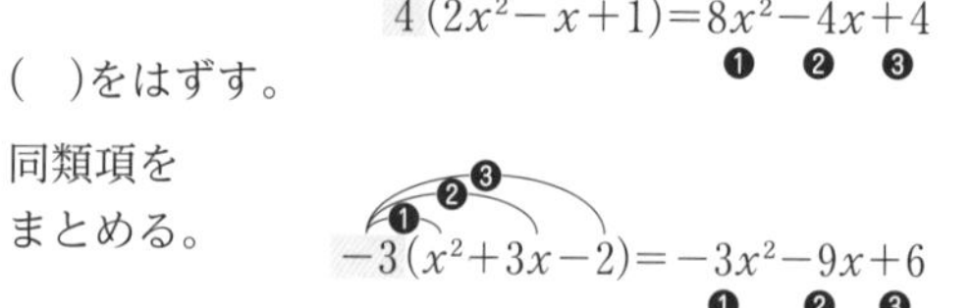

$-3(x^2+3x-2)=-3x^2-9x+6$

◆整式の加法・減法

5a 次の整式A，Bについて，和 $A+B$ と差 $A-B$ を計算せよ。

(1) $A=x^2-2x+3$，$B=3x^2-4x+5$

(2) $A=-x^2-3x+6$，$B=2x^2+x-4$

5b 次の整式A，Bについて，和 $A+B$ と差 $A-B$ を計算せよ。

(1) $A=2x^2+5x-4$，$B=4x^2-x-3$

(2) $A=x^2-5x-3$，$B=-3x^2+5x-7$

◆定数倍された整式の加法・減法

6a 次の整式A，Bについて，$A+2B$と$3A-B$を計算せよ。

(1) $A=x^2-6x+4$，$B=x^2+2x-7$

(2) $A=2x^2+x+2$，$B=-x^2+2x+1$

6b 次の整式A，Bについて，$-A+3B$と$2A-3B$を計算せよ。

(1) $A=x^2+2x-1$，$B=x^2-3x+2$

(2) $A=-x^2+5x-3$，$B=2x^2-x-6$

3 整式の乗法

例 3 多項式どうしの積

$(2x-3)(x^2+2x+3)$ を展開せよ。

ポイント！
分配法則を利用して計算する。

解 $(2x-3)(x^2+2x+3)$

$=2x(x^2+2x+3)-3(x^2+2x+3)$

$=2x^3+4x^2+6x-3x^2-6x-9$

$=\boldsymbol{2x^3+x^2-9}$

← $x^2+2x+3=A$ とおくと
$(2x-3)A=2x\cdot A-3\cdot A$

$(2x-3)A$

◆指数法則

7a 指数法則を利用して，次の計算をせよ。

(1) $a^2\times a^4$

(2) $(a^2)^4$

(3) $(ab)^5$

7b 指数法則を利用して，次の計算をせよ。

(1) $a^5\times a^3$

(2) $(a^3)^5$

(3) $(a^2b)^3$

◆単項式どうしの積

8a 次の式を計算せよ。

(1) $3x\times 5x^2$

(2) $2x^3\times(-3x^2)$

(3) $(-2x^4)^2$

8b 次の式を計算せよ。

(1) $2x^2\times 3x^3$

(2) $(-4x^3)\times(-x)$

(3) $(-x^3)^3$

基本事項

(1) 指数法則

m，n を正の整数とする。

① $\boldsymbol{a^m\times a^n=a^{m+n}}$　② $\boldsymbol{(a^m)^n=a^{mn}}$　③ $\boldsymbol{(ab)^n=a^nb^n}$

(2) 分配法則

① $\boldsymbol{A(B+C)=AB+AC}$　② $\boldsymbol{(A+B)C=AC+BC}$

◆単項式と多項式の積

9a 次の式を展開せよ。

(1) $2x(x-3)$

(2) $3x(x^2-2x+3)$

(3) $(2x^2-3x+5)\times 3x$

9b 次の式を展開せよ。

(1) $3x^2(-x+2)$

(2) $-x^2(x^2+3x-4)$

(3) $(6x^2-3x+2)\times(-2x)$

◆多項式どうしの積

10a 次の式を展開せよ。

(1) $(x+3)(2x+1)$

(2) $(4x-5)(2x+1)$

(3) $(x-2)(x^2-3x+1)$

10b 次の式を展開せよ。

(1) $(3x+1)(x-2)$

(2) $(3x-1)(2x-3)$

(3) $(x^2-2x-2)(2x+1)$

4 乗法公式の利用(1)

例 4 乗法公式①～③

次の式を展開せよ。

(1) $(x+3y)^2$　(2) $(3x-4y)^2$　(3) $(x+3y)(x-3y)$

ポイント!
式の形や符号に着目して，どの公式を利用するかを考える。

解
(1) $(x+3y)^2=x^2+2\cdot x\cdot 3y+(3y)^2$　←乗法公式①

$=\boldsymbol{x^2+6xy+9y^2}$

(2) $(3x-4y)^2=(3x)^2-2\cdot 3x\cdot 4y+(4y)^2$　←乗法公式②

$=\boldsymbol{9x^2-24xy+16y^2}$

(3) $(x+3y)(x-3y)=x^2-(3y)^2$　←乗法公式③

$=\boldsymbol{x^2-9y^2}$

◆乗法公式①

11a 次の式を展開せよ。

(1) $(x+4)^2$

(2) $(5x+1)^2$

(3) $(2x+3y)^2$

11b 次の式を展開せよ。

(1) $(x+1)^2$

(2) $(4x+3)^2$

(3) $(3x+y)^2$

基本事項 乗法公式

① $(a+b)^2=a^2+2ab+b^2$　② $(a-b)^2=a^2-2ab+b^2$　③ $(a+b)(a-b)=a^2-b^2$

◆ **乗法公式②**

12a 次の式を展開せよ。

(1) $(x-3)^2$

(2) $(2x-1)^2$

(3) $(x-4y)^2$

12b 次の式を展開せよ。

(1) $(x-5)^2$

(2) $(3x-2)^2$

(3) $(3x-5y)^2$

◆ **乗法公式③**

13a 次の式を展開せよ。

(1) $(x+1)(x-1)$

(2) $(2x+3)(2x-3)$

(3) $(5x+y)(5x-y)$

13b 次の式を展開せよ。

(1) $(x+6)(x-6)$

(2) $(3x-1)(3x+1)$

(3) $(3x-4y)(3x+4y)$

▶ p.166 補充問題 1

5 乗法公式の利用(2)

例 5 **乗法公式④，⑤**

次の式を展開せよ。

(1) $(x-3)(x+2)$　　(2) $(x+y)(x+2y)$

(3) $(3x+1)(4x-3)$　　(4) $(2x-3y)(5x+2y)$

ポイント！
符号に注意して，正確に公式にあてはめる。

(1) $(x-3)(x+2)=x^2+\{(-3)+2\}x+(-3)\cdot 2$ ←乗法公式④

$=\boldsymbol{x^2-x-6}$

(2) $(x+y)(x+2y)=x^2+(y+2y)x+y\cdot 2y$ ←乗法公式④

$=\boldsymbol{x^2+3xy+2y^2}$

(3) $(3x+1)(4x-3)=(3\cdot 4)x^2+\{3\cdot(-3)+1\cdot 4\}x+1\cdot(-3)$ ←乗法公式⑤

$=\boldsymbol{12x^2-5x-3}$

(4) $(2x-3y)(5x+2y)=(2\cdot 5)x^2+\{2\cdot 2y+(-3y)\cdot 5\}x+(-3y)\cdot 2y$ ←乗法公式⑤

$=\boldsymbol{10x^2-11xy-6y^2}$

◆ **乗法公式④**

14a 次の式を展開せよ。

(1) $(x+4)(x+3)$

(2) $(x-1)(x+5)$

(3) $(x+2y)(x-5y)$

(4) $(x-4y)(x-2y)$

14b 次の式を展開せよ。

(1) $(x+2)(x-7)$

(2) $(x-6)(x-2)$

(3) $(x+3y)(x+y)$

(4) $(x-7y)(x+3y)$

乗法公式

④ $(\boldsymbol{x+a})(\boldsymbol{x+b})=\boldsymbol{x^2+(a+b)x+ab}$

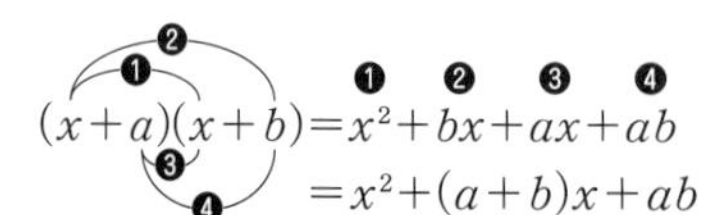

$(x+a)(x+b)=x^2+bx+ax+ab$
$=x^2+(a+b)x+ab$

⑤ $(\boldsymbol{ax+b})(\boldsymbol{cx+d})=\boldsymbol{acx^2+(ad+bc)x+bd}$

$(ax+b)(cx+d)=acx^2+adx+bcx+bd$
$=acx^2+(ad+bc)x+bd$

◆乗法公式⑤

15a 次の式を展開せよ。

(1) $(2x+1)(x+1)$

(2) $(2x+3)(3x-4)$

(3) $(x-3)(2x-5)$

(4) $(2x+3y)(4x+5y)$

(5) $(3x-4y)(x+y)$

(6) $(3x-y)(x-2y)$

15b 次の式を展開せよ。

(1) $(5x+3)(x+6)$

(2) $(4x-1)(2x+3)$

(3) $(3x-2)(4x-3)$

(4) $(3x+5y)(2x+y)$

(5) $(4x+y)(5x-y)$

(6) $(2x-3y)(3x-4y)$

▶ p.166 補充問題 2

6 因数分解(1)

 6 因数分解

次の式を因数分解せよ。

(1) $2x^2-4xy$　(2) $x^2+12x+36$

(3) x^2-16y^2　(4) x^2-2x-8

ポイント

(1) 共通な因数をくくり出す。

(2)〜(4) 因数分解の公式にあてはめる。

解

(1) $2x^2-4xy=2x\cdot x-2x\cdot 2y=\boldsymbol{2x(x-2y)}$　← 共通な因数 $2x$ をくくり出す。

(2) $x^2+12x+36=x^2+2\cdot x\cdot 6+6^2=\boldsymbol{(x+6)^2}$　← 因数分解の公式①

(3) $x^2-16y^2=x^2-(4y)^2=\boldsymbol{(x+4y)(x-4y)}$　← 因数分解の公式③

(4) $x^2-2x-8=\boldsymbol{(x+2)(x-4)}$　← 積が -8, 和が -2 となる2つの数は2と -4

◆共通因数のくくり出し

16a 次の式を因数分解せよ。

(1) $ac-3bc+2abc$

(2) $4x^2+2xy$

(3) $(a+2)x+(a+2)y$

16b 次の式を因数分解せよ。

(1) $2x^2-x$

(2) $2a^2b-ab^2+3ab$

(3) $(a-1)x-3(a-1)$

◆因数分解の公式①, ②

17a 次の式を因数分解せよ。

(1) $x^2+10x+25$

(2) $4x^2-20x+25$

(3) $9x^2+12xy+4y^2$

17b 次の式を因数分解せよ。

(1) $x^2+14x+49$

(2) $4x^2-12x+9$

(3) $16x^2-24xy+9y^2$

因数分解の公式

① $\boldsymbol{a^2+2ab+b^2=(a+b)^2}$　② $\boldsymbol{a^2-2ab+b^2=(a-b)^2}$

③ $\boldsymbol{a^2-b^2=(a+b)(a-b)}$　④ $\boldsymbol{x^2+(a+b)x+ab=(x+a)(x+b)}$

因数分解 $a^2+2ab+b^2$ ⇄ $(a+b)^2$ 展開

◆ 因数分解の公式③

18a 次の式を因数分解せよ。

(1) x^2-36

(2) $4x^2-9y^2$

18b 次の式を因数分解せよ。

(1) x^2-100

(2) $16x^2-25y^2$

◆ 因数分解の公式④

19a 次の式を因数分解せよ。

(1) x^2+3x+2

(2) x^2-4x+3

(3) x^2+x-6

(4) $x^2-3x-10$

19b 次の式を因数分解せよ。

(1) x^2+7x+6

(2) $x^2-7x+10$

(3) $x^2+2x-15$

(4) x^2-x-12

◆ 因数分解の公式④

20a 次の式を因数分解せよ。

(1) $x^2+5xy+6y^2$

(2) $x^2+2xy-8y^2$

20b 次の式を因数分解せよ。

(1) $x^2-8xy+12y^2$

(2) $x^2-3xy-18y^2$

▶ p.167 補充問題 3

7 因数分解(2)

例 7 因数分解の公式⑤

たすき掛けを利用する。

次の式を因数分解せよ。

(1) $3x^2+4x-4$ (2) $2x^2-5xy+3y^2$

解 (1) $3x^2+4x-4=\boldsymbol{(x+2)(3x-2)}$

$3x^2+4x-4$

1	$2\longrightarrow$	6
3	$-2\longrightarrow$	-2
		4

(2) $2x^2-5xy+3y^2=2x^2-5y\cdot x+3y^2$

$=\boldsymbol{(x-y)(2x-3y)}$

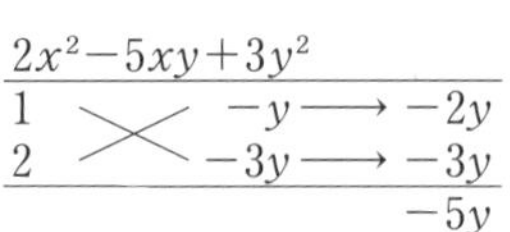

◆ 因数分解の公式⑤

21a 次の式を因数分解せよ。

(1) $2x^2+5x+2$

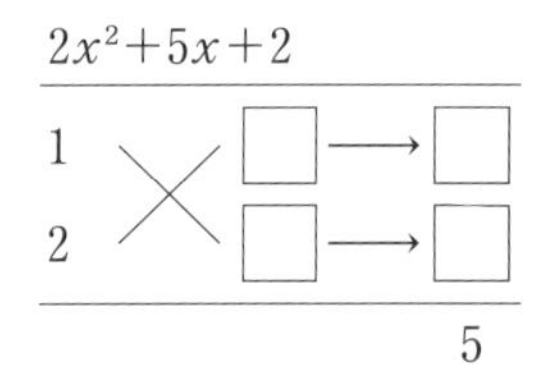

(2) $3x^2-5x+2$

(3) $2x^2+7x+6$

(4) $4x^2-8x+3$

21b 次の式を因数分解せよ。

(1) $3x^2+8x+5$

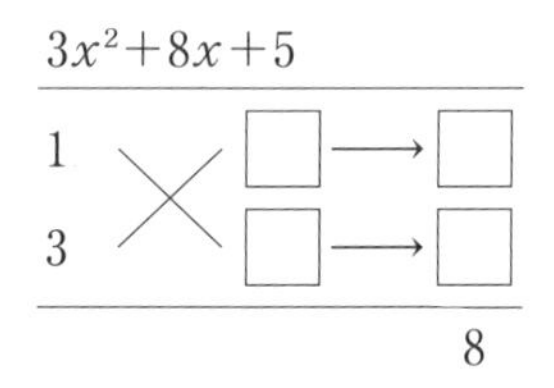

(2) $5x^2-11x+2$

(3) $3x^2+13x+12$

(4) $6x^2-7x+2$

因数分解の公式

⑤ $\boldsymbol{acx^2+(ad+bc)x+bd=(ax+b)(cx+d)}$

たすき掛け

$acx^2+(ad+bc)x+bd$

a	$b\longrightarrow$	bc
c	$d\longrightarrow$	ad
		$ad+bc$

◆因数分解の公式⑤

22a 次の式を因数分解せよ。

(1) $2x^2+3x-2$

(2) $2x^2+x-6$

(3) $4x^2+4x-3$

(4) $6x^2-x-12$

22b 次の式を因数分解せよ。

(1) $3x^2-5x-2$

(2) $5x^2-7x-6$

(3) $6x^2-7x-3$

(4) $9x^2+9x-10$

◆因数分解の公式⑤

23a 次の式を因数分解せよ。

(1) $3x^2+4xy+y^2$

(2) $6x^2+7xy-3y^2$

23b 次の式を因数分解せよ。

(1) $2x^2-7xy+6y^2$

(2) $9x^2+6xy-8y^2$

▶ p.168 補充問題 4

8 式の展開・因数分解の工夫(1)

例 8 おきかえの利用

(1) $(a+b-3)(a+b-4)$ を展開せよ。

(2) $(x+y)^2+3(x+y)-10$ を因数分解せよ。

ポイント
式の一部をまとめて 1 つの文字のようにみる。

(1) $a+b=A$ とおくと

$$
\begin{aligned}
(a+b-3)(a+b-4)&=(A-3)(A-4) && \text{乗法公式④}\\
&=A^2-7A+12 && \text{A を $a+b$ に戻す。}\\
&=(a+b)^2-7(a+b)+12 && \text{さらに式を展開する。}\\
&=\boldsymbol{a^2+2ab+b^2-7a-7b+12}
\end{aligned}
$$

(2) $x+y=A$ とおくと

$$
\begin{aligned}
(x+y)^2+3(x+y)-10&=A^2+3A-10 && \text{因数分解の公式④}\\
&=(A+5)(A-2) && \text{A を $x+y$ に戻す。}\\
&=\boldsymbol{(x+y+5)(x+y-2)}
\end{aligned}
$$

◆おきかえによる式の展開

24a 次の式を展開せよ。

(1) $(a+b+2)(a+b-3)$

(2) $(a+b+2)(a+b-2)$

24b 次の式を展開せよ。

(1) $(a-b-1)(a-b-2)$

(2) $(a-b+3)(a-b-3)$

◆おきかえによる式の展開

25a $(a+b+1)^2$ を展開せよ。

25b $(a+b-c)^2$ を展開せよ。

◆因数分解の工夫(共通因数のくくり出し)

26a 次の式を因数分解せよ。

(1) $(a-3)x+3-a$

(2) $(a-b)x+(b-a)y$

26b 次の式を因数分解せよ。

(1) $(a-2)x-3(2-a)$

(2) $2a(x-3)-b(3-x)$

◆おきかえによる因数分解

27a 次の式を因数分解せよ。

(1) $(x+y)^2+3(x+y)+2$

(2) $(2x+y)^2-16$

27b 次の式を因数分解せよ。

(1) $(x-y)^2+4(x-y)+4$

(2) $3(x+y)^2+7(x+y)+4$

9　式の展開・因数分解の工夫(2)

 9　整式の次数に着目する因数分解

次の式を因数分解せよ。

(1)　$xy-x+y^2-1$

(2)　$x^2+2xy+y^2+5x+5y+4$

ポイント！
(1)　最も次数の低い文字に着目して整理する。
(2)　1つの文字に着目して整理する。

解　(1)　$xy-x+y^2-1$　　← x については1次式，y については2次式

$=(y-1)x+y^2-1$　　← 次数の低い x について整理する。

$=(y-1)x+(y+1)(y-1)$　　← 共通な因数 $y-1$ でくくる。

$=\boldsymbol{(y-1)(x+y+1)}$

(2)　$x^2+2xy+y^2+5x+5y+4$　　← x についても，y についても2次式

$=x^2+(2y+5)x+(y^2+5y+4)$　　← x について整理する。（y について整理してもよい。）

$=x^2+(2y+5)x+(y+1)(y+4)$

$=\{x+(y+1)\}\{x+(y+4)\}$

$=\boldsymbol{(x+y+1)(x+y+4)}$

←
$$\begin{array}{ccccc} 1 & \diagdown\!\!\diagup & y+1 & \longrightarrow & y+1 \\ 1 & \diagup\!\!\diagdown & y+4 & \longrightarrow & y+4 \\ \hline & & & & 2y+5 \end{array}$$

◆次数の低い文字に着目する因数分解

28a　次の式を因数分解せよ。

(1)　$x^2+xy-2y-4$

(2)　$a^2-c^2+ab+bc$

28b　次の式を因数分解せよ。

(1)　a^2b+a^2-b-1

(2)　$x^2+4xy+4y^2+zx+2yz$

◇次数が同じときの因数分解

29a 次の式を因数分解せよ。

(1) $x^2+(3y-4)x+(2y-3)(y-1)$

(2) $x^2+3xy+2y^2+x+3y-2$

(3) $x^2+xy-2y^2-3x-3y+2$

29b 次の式を因数分解せよ。

(1) $x^2-(2y+1)x-(3y+2)(y+1)$

(2) $x^2-3xy+2y^2-2x+y-3$

(3) $x^2-2xy-3y^2+3x-y+2$

10 実数

例 10 循環小数，絶対値

(1) 分数 $\dfrac{5}{33}$ を小数に直し，循環小数の表し方で書け。

(2) 循環小数 $0.\dot{7}$ を分数の形で表せ。

(3) $|\sqrt{5}-3|$ の値を求めよ。

(1) 循環する部分が出るまで割り算をする。
(3) 絶対値の中の数の符号を調べる。

(1) $\dfrac{5}{33}=0.1515\cdots\cdots=\mathbf{0.\dot{1}\dot{5}}$　←循環節の始まりと終わりの数字の上に・をつける。

(2) $x=0.\dot{7}$ とおくと，
右の計算から　$9x=7$
よって　$x=\dfrac{7}{9}$　　すなわち　$0.\dot{7}=\mathbf{\dfrac{7}{9}}$

$$\begin{array}{rr} 10x= & 7.7777\cdots \\ -)\quad x= & 0.7777\cdots \\ \hline 9x= & 7 \end{array}$$

←循環節を消去するため，$0.\dot{7}$ を10倍したものを考える。

(3) $\sqrt{5}-3<0$ であるから　←$\sqrt{5}<\sqrt{3^2}$
$|\sqrt{5}-3|=-(\sqrt{5}-3)=\mathbf{3-\sqrt{5}}$　←$a<0$ のとき　$|a|=-a$

◆循環小数

30a 次の分数を小数に直し，循環小数の表し方で書け。

(1) $\dfrac{1}{9}$

(2) $\dfrac{2}{11}$

30b 次の分数を小数に直し，循環小数の表し方で書け。

(1) $\dfrac{1}{6}$

(2) $\dfrac{8}{27}$

基本事項　実数の絶対値
$a\geqq 0$ のとき　$|a|=a$　　　$a<0$ のとき　$|a|=-a$

◆循環小数を分数で表す

31a 次の循環小数を分数の形で表せ。

(1) $0.\dot{8}$

(2) $0.\dot{2}\dot{3}$

31b 次の循環小数を分数の形で表せ。

(1) $0.\dot{6}$

(2) $0.\dot{7}\dot{2}$

◆絶対値

32a 次の値を求めよ。

(1) $|6|$

(2) $|-1|$

(3) $|\sqrt{7}-3|$

(4) $|-5|+|3|$

32b 次の値を求めよ。

(1) $|4|$

(2) $|-7|$

(3) $|\pi-4|$

(4) $|-2|-|-6|$

11 根号を含む式の計算(1)

例 11 平方根の積と商

(1) 次の式を計算せよ。

① $\sqrt{5}\times\sqrt{6}$　　② $\dfrac{\sqrt{21}}{\sqrt{3}}$

(2) $\sqrt{75}$ の $\sqrt{}$ の中をできるだけ小さい整数の形にせよ。

ポイント!
(2) 素因数分解して考える。

解 (1) ① $\sqrt{5}\times\sqrt{6}=\sqrt{5\times6}=\boldsymbol{\sqrt{30}}$

② $\dfrac{\sqrt{21}}{\sqrt{3}}=\sqrt{\dfrac{21}{3}}=\boldsymbol{\sqrt{7}}$

(2) $\sqrt{75}=\sqrt{3\times5\times5}=\sqrt{5^2\times3}=\boldsymbol{5\sqrt{3}}$

3) 75
5) 25
　　5

◆平方根

33a 次の数の平方根を求めよ。

(1) 2

(2) 16

33b 次の数の平方根を求めよ。

(1) 5

(2) 49

◆平方根

34a 次の値を求めよ。

(1) $(\sqrt{3})^2$

(2) $(-\sqrt{5})^2$

34b 次の値を求めよ。

(1) $(\sqrt{7})^2$

(2) $(-\sqrt{10})^2$

基本事項

(1) 平方根の定義

2乗して a になる数を a の平方根という。

正の数 a の平方根は，正と負の2つあって，正の方を $\sqrt{a}$，負の方を $-\sqrt{a}$ で表す。

(2) 平方根の性質

① $a\geqq0$ のとき　$\sqrt{a^2}=a$，$(\sqrt{a})^2=a$，$(-\sqrt{a})^2=a$

② $a>0$，$b>0$ のとき　$\sqrt{a}\sqrt{b}=\sqrt{ab}$，$\dfrac{\sqrt{a}}{\sqrt{b}}=\sqrt{\dfrac{a}{b}}$

③ $k>0$，$a>0$ のとき　$\sqrt{k^2a}=k\sqrt{a}$

◆平方根の積と商

35a 次の式を計算せよ。

(1) $\sqrt{3}\times\sqrt{5}$

(2) $\dfrac{\sqrt{6}}{\sqrt{2}}$

35b 次の式を計算せよ。

(1) $\sqrt{2}\times\sqrt{7}$

(2) $\dfrac{\sqrt{15}}{\sqrt{5}}$

◆$a\sqrt{b}$ の形への変形

36a 次の数の $\sqrt{}$ の中をできるだけ小さい整数の形にせよ。

(1) $\sqrt{12}$

(2) $\sqrt{27}$

36b 次の数の $\sqrt{}$ の中をできるだけ小さい整数の形にせよ。

(1) $\sqrt{28}$

(2) $\sqrt{150}$

◆平方根の積

37a 次の式を計算し，$\sqrt{}$ の中をできるだけ小さい整数の形にせよ。

(1) $\sqrt{3}\times\sqrt{15}$

(2) $\sqrt{6}\times\sqrt{10}$

37b 次の式を計算し，$\sqrt{}$ の中をできるだけ小さい整数の形にせよ。

(1) $\sqrt{21}\times\sqrt{7}$

(2) $\sqrt{8}\times\sqrt{12}$

12 根号を含む式の計算(2)

例12 根号を含む式の計算

次の式を計算せよ。

(1) $\sqrt{18}-\sqrt{32}+\sqrt{12}$ (2) $(2\sqrt{3}+\sqrt{2})(\sqrt{3}-\sqrt{2})$

ポイント
同じ根号の部分を同類項とみてまとめる。

解 (1) $\sqrt{18}-\sqrt{32}+\sqrt{12}=\sqrt{3^2\times2}-\sqrt{4^2\times2}+\sqrt{2^2\times3}$ ←$\sqrt{}$ の中をできるだけ小さい整数にする。

$=3\sqrt{2}-4\sqrt{2}+2\sqrt{3}$

$=(3-4)\sqrt{2}+2\sqrt{3}$ ←$\sqrt{2}$ を1つの文字のようにみてまとめる。

$=\boldsymbol{-\sqrt{2}+2\sqrt{3}}$

(2) $(2\sqrt{3}+\sqrt{2})(\sqrt{3}-\sqrt{2})$

$=2(\sqrt{3})^2-2\sqrt{3}\times\sqrt{2}+\sqrt{2}\times\sqrt{3}-(\sqrt{2})^2$

$=6-2\sqrt{6}+\sqrt{6}-2=\boldsymbol{4-\sqrt{6}}$ ←$-2\sqrt{6}+\sqrt{6}=(-2+1)\sqrt{6}=-\sqrt{6}$

$(2\sqrt{3}+\sqrt{2})(\sqrt{3}-\sqrt{2})$ (❶❷❸❹)

◆根号を含む式の加法・減法

38a 次の式を計算せよ。

(1) $5\sqrt{2}+\sqrt{2}-3\sqrt{2}$

(2) $3\sqrt{5}+\sqrt{20}-\sqrt{80}$

(3) $\sqrt{12}-\sqrt{27}+\sqrt{32}$

(4) $\sqrt{18}+\sqrt{12}-\sqrt{2}+3\sqrt{3}$

38b 次の式を計算せよ。

(1) $4\sqrt{3}-3\sqrt{3}+2\sqrt{3}$

(2) $\sqrt{27}+4\sqrt{3}-\sqrt{12}$

(3) $\sqrt{20}+\sqrt{8}-\sqrt{45}$

(4) $\sqrt{12}+\sqrt{20}-\sqrt{48}-\sqrt{45}$

◆根号を含む式の乗法

39a 次の式を計算せよ。

(1) $(\sqrt{3}+\sqrt{2})(\sqrt{3}-3\sqrt{2})$

(2) $(3\sqrt{2}-1)(\sqrt{2}-3)$

(3) $(\sqrt{5}+\sqrt{3})(\sqrt{5}-\sqrt{3})$

(4) $(\sqrt{3}-\sqrt{2})^2$

39b 次の式を計算せよ。

(1) $(\sqrt{5}+2\sqrt{3})(3\sqrt{5}+\sqrt{3})$

(2) $(2\sqrt{3}-3)(\sqrt{3}+2)$

(3) $(\sqrt{7}+2\sqrt{5})(\sqrt{7}-2\sqrt{5})$

(4) $(\sqrt{2}+\sqrt{6})^2$

▶ p.169 補充問題 5

13 分母の有理化

例 13 分母の有理化

次の式の分母を有理化せよ。

(1) $\dfrac{7}{\sqrt{28}}$　　(2) $\dfrac{1}{\sqrt{7}-\sqrt{3}}$

ポイント
分母が根号を含まない式になるように，分母と分子に同じ数を掛ける。

解 (1) $\dfrac{7}{\sqrt{28}}=\dfrac{7}{2\sqrt{7}}$　　← $\sqrt{28}=\sqrt{2^2\times7}=2\sqrt{7}$

$=\dfrac{7\times\sqrt{7}}{2\sqrt{7}\times\sqrt{7}}=\dfrac{7\sqrt{7}}{14}=\dfrac{\sqrt{7}}{2}$　　← 分母と分子に $\sqrt{7}$ を掛ける。

(2) $\dfrac{1}{\sqrt{7}-\sqrt{3}}=\dfrac{1\times(\sqrt{7}+\sqrt{3})}{(\sqrt{7}-\sqrt{3})(\sqrt{7}+\sqrt{3})}$　　← 分母と分子に $\sqrt{7}+\sqrt{3}$ を掛ける。

$=\dfrac{\sqrt{7}+\sqrt{3}}{7-3}=\dfrac{\sqrt{7}+\sqrt{3}}{4}$

◆分母の有理化

40a 次の式の分母を有理化せよ。

(1) $\dfrac{1}{\sqrt{3}}$

(2) $\dfrac{3}{2\sqrt{5}}$

(3) $\dfrac{5}{\sqrt{20}}$

40b 次の式の分母を有理化せよ。

(1) $\dfrac{\sqrt{5}}{\sqrt{3}}$

(2) $\dfrac{6}{\sqrt{2}}$

(3) $\dfrac{3}{\sqrt{48}}$

◆分母の有理化

41a 次の式の分母を有理化せよ。

(1) $\dfrac{1}{\sqrt{6}+\sqrt{2}}$

(2) $\dfrac{3}{3-\sqrt{3}}$

(3) $\dfrac{\sqrt{3}-1}{\sqrt{3}+1}$

(4) $\dfrac{\sqrt{3}+\sqrt{2}}{\sqrt{3}-\sqrt{2}}$

41b 次の式の分母を有理化せよ。

(1) $\dfrac{3}{\sqrt{5}-\sqrt{3}}$

(2) $\dfrac{2}{\sqrt{6}+2}$

(3) $\dfrac{\sqrt{5}+2}{\sqrt{5}-2}$

(4) $\dfrac{\sqrt{7}-\sqrt{3}}{\sqrt{7}+\sqrt{3}}$

▶ p.169 補充問題 6

14 1次不等式の解法(1)

1次方程式を確認しよう

例14 1次不等式の解法

次の1次不等式を解け。また，解を数直線上に図示せよ。

(1) $x-4>-1$　　(2) $-2x \geqq 8$

(2) 符号に注意して，両辺をxの係数で割る。

解 (1)

$$x-4>-1$$
$$x>-1+4$$

したがって　$\boldsymbol{x>3}$

← $x-4>-1$ 移項 $x>-1+4$

(2)

$$-2x \geqq 8$$

したがって　$\boldsymbol{x \leqq -4}$

← 両辺を -2 で割ると $\dfrac{-2x}{-2} \leqq \dfrac{8}{-2}$

◆不等式の表し方

42a 次の数量の大小関係を，不等号を用いて表せ。

(1) ある数xの2倍から7を引いた数は，5以上である。

(2) 1本50円の鉛筆x本の代金は，200円未満である。

42b 次の数量の大小関係を，不等号を用いて表せ。

(1) ある数xの3倍は，xと10の和より大きい。

(2) 1冊x円のノート2冊と1個100円の消しゴム2個の代金は，500円以下である。

◆数直線上の図示

43a 例14にならって，次のxの値の範囲を数直線上に図示せよ。

(1) $x \leqq -1$

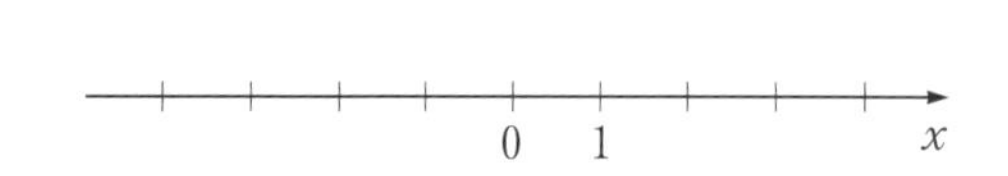

(2) $x>2$

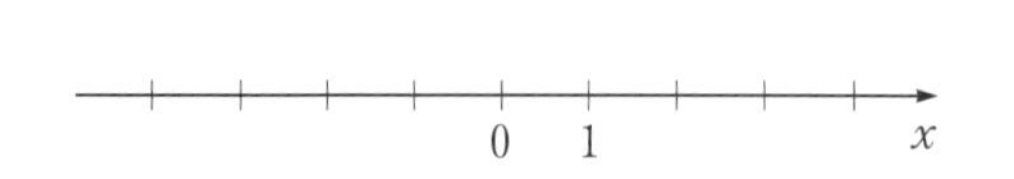

43b 例14にならって，次のxの値の範囲を数直線上に図示せよ。

(1) $x>-3$

(2) xは$\dfrac{1}{2}$以下

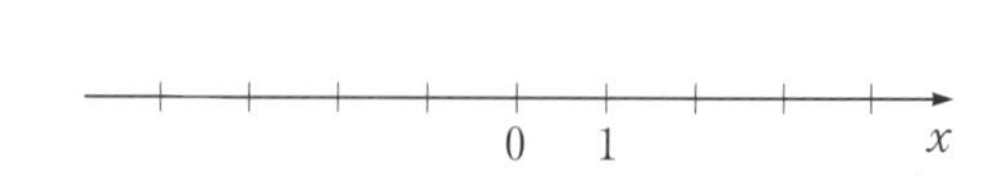

基本事項 不等式の性質

① $a<b$ ならば　$a+c<b+c$，$a-c<b-c$

② $a<b$，$c>0$ ならば　$ac<bc$，$\dfrac{a}{c}<\dfrac{b}{c}$

③ $a<b$，$c<0$ ならば　$ac>bc$，$\dfrac{a}{c}>\dfrac{b}{c}$

検印

◆不等式の性質

44a $a<b$ のとき，次の□にあてはまる不等号を書き入れよ。

(1) $a+4$ □ $b+4$

(2) $a-3$ □ $b-3$

(3) $3a$ □ $3b$

(4) $\frac{a}{6}$ □ $\frac{b}{6}$

(5) $-7a$ □ $-7b$

(6) $-\frac{a}{2}$ □ $-\frac{b}{2}$

44b $a \geqq b$ のとき，次の□にあてはまる不等号を書き入れよ。

(1) $a+2$ □ $b+2$

(2) $a-6$ □ $b-6$

(3) $10a$ □ $10b$

(4) $\frac{a}{5}$ □ $\frac{b}{5}$

(5) $-a$ □ $-b$

(6) $-\frac{a}{3}$ □ $-\frac{b}{3}$

◆ 1 次不等式の解法

45a 次の 1 次不等式を解け。

(1) $x-2>3$

(2) $x+1 \leqq -3$

45b 次の 1 次不等式を解け。

(1) $x-3<4$

(2) $x+5 \geqq 6$

◆ 1 次不等式の解法

46a 次の 1 次不等式を解け。

(1) $2x>8$

(2) $-3x>6$

46b 次の 1 次不等式を解け。

(1) $3x<-12$

(2) $-4x \leqq 16$

15 1次不等式の解法(2)

例 15 1次不等式の解法

次の1次不等式を解け。

(1) $x-5 \leqq 3x+1$　　(2) $3(x-1)>-x+5$

解 (1)

$$x-5 \leqq 3x+1$$
$$x-3x \leqq 1+5$$
$$-2x \leqq 6$$

したがって　$\boldsymbol{x \geqq -3}$

（-5 と $3x$ を移項する。→ 整理する。→ 両辺を -2 で割る。不等号の向きが変わる。）

(2)

$$3(x-1)>-x+5$$
$$3x-3>-x+5$$
$$4x>8$$

したがって　$\boldsymbol{x>2}$

（かっこをはずす。→ 移項して整理する。→ 両辺を4で割る。）

ポイント!

① x を含む項を左辺に，数の項を右辺に移項する。

② 同類項を整理して，不等式を $ax>b$，$ax \leqq b$ などの形にする。

③ 両辺を a で割る。a が負の数の場合，不等号の向きが変わる。

◆ 1次不等式の解法

47a 次の1次不等式を解け。

(1) $3x+7<-2$

(2) $4x-3>-7$

(3) $5x \geqq 7x-8$

(4) $6-x \leqq 2x$

47b 次の1次不等式を解け。

(1) $2x-1>5$

(2) $8-3x \leqq 5$

(3) $x-4<6x$

(4) $-5x \geqq -3x+10$

◆ 1次不等式の解法

48a 次の1次不等式を解け。

(1) $4x-1<3x+2$

(2) $4x-8>7x-14$

(3) $8+3x \geqq -2-x$

48b 次の1次不等式を解け。

(1) $5x+7>6x-1$

(2) $6x-4 \leqq -x+3$

(3) $2-9x<3-5x$

◆（ ）を含んだ1次不等式

49a 次の1次不等式を解け。

(1) $2(x-2)>-x+2$

(2) $-2(x+5) \geqq 3x+10$

49b 次の1次不等式を解け。

(1) $x+2 \leqq 3(x-2)$

(2) $3(x-1)<2(x+3)$

▶ p.170 補充問題 7

16 1次不等式の解法(3)

例 16 分数を含んだ1次不等式

1次不等式 $\dfrac{x-2}{3}>\dfrac{3x+1}{2}$ を解け。

ポイント!
両辺に同じ数を掛けて，係数を整数にしてから解く。

解

$\dfrac{x-2}{3}>\dfrac{3x+1}{2}$

分母の3と2の最小公倍数6を両辺に掛ける。

$6\times\dfrac{x-2}{3}>6\times\dfrac{3x+1}{2}$

約分する。

$2(x-2)>3(3x+1)$

かっこをはずす。

$2x-4>9x+3$

移項して整理する。

$-7x>7$

両辺を -7 で割る。不等号の向きが変わる。

よって　$\boldsymbol{x<-1}$

◇分数を含んだ1次不等式

50a 次の1次不等式を解け。

(1) $x+1\geqq\dfrac{x-5}{3}$

(2) $\dfrac{7x-3}{4}<\dfrac{3x-1}{2}$

50b 次の1次不等式を解け。

(1) $\dfrac{3x+5}{4}<2x-5$

(2) $\dfrac{x+1}{3}\geqq\dfrac{6-x}{4}$

◇ 1次不等式の利用

51a 5000円以下で，1個180円のりんごを何個か1つの箱に詰めて友人に送りたい。
箱代が80円，送料が600円かかるとき，りんごは何個まで詰めることができるか。

51b 1本60円の鉛筆を何本かと1本100円のボールペンを3本買い，代金を1000円以下にしたい。鉛筆は最大何本まで買うことができるか。

ヒント 51
a　りんごの個数を x 個とおく。料金は(りんご代)＋(箱代)＋(送料)である。
b　鉛筆の本数を x 本とおく。

17 連立不等式の解法

例17 連立不等式

連立不等式 $\begin{cases} 4x-5<11 \\ 2x-3 \geqq -3x+7 \end{cases}$ を解け。

ポイント

2つの不等式の解を数直線上に表し，共通な範囲を求める。

解 $4x-5<11$ を解くと，$4x<16$ から

$x<4$ ……①

$2x-3 \geqq -3x+7$ を解くと，$5x \geqq 10$ から

$x \geqq 2$ ……②

①と②の共通な範囲を求めて　$\boldsymbol{2 \leqq x<4}$

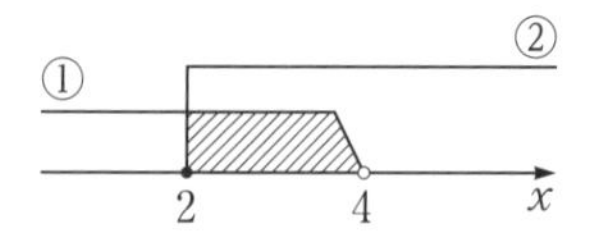

◆連立不等式

52a 次の連立不等式を解け。

(1) $\begin{cases} 2x+1 \geqq x-7 \\ 3x-4<x-2 \end{cases}$

(2) $\begin{cases} 5x-2<8 \\ -x+3 \geqq 5 \end{cases}$

52b 次の連立不等式を解け。

(1) $\begin{cases} 2x-5<4x-1 \\ 2x+7 \geqq 5x-2 \end{cases}$

(2) $\begin{cases} 4x<x+6 \\ x+1 \geqq 3x-5 \end{cases}$

◆不等式 $A<B<C$

53a 次の不等式を解け。

(1) $3x \leqq 2x+6 \leqq 4x$

(2) $x-2<3x+8<6$

53b 次の不等式を解け。

(1) $3x-8<5x-4<x$

(2) $x-1 \leqq 2x+1 \leqq 3x+2$

ヒント 53　不等式 $A<B<C$ は，連立不等式 $\begin{cases} A<B \\ B<C \end{cases}$ と同じである。

18 関数，$y=ax^2$ のグラフ

座標，1次関数を確認しよう

 関数

気温は，高度が1km上がるごとに6℃ずつ下がる。
地上の気温が24℃であるとき，地上 x kmのところの気温を y ℃として，y を x の式で表せ。
また，定義域が $0 \leqq x \leqq 3$ のとき，値域を求めよ。

ポイント
① x と y の関係式を求める。
② グラフから値域を求める。

解 高度が x km上がると，気温は $6x$ ℃下がるから

$$y=24-6x$$

と表される。
また，右のグラフから，値域は

$$6 \leqq y \leqq 24$$

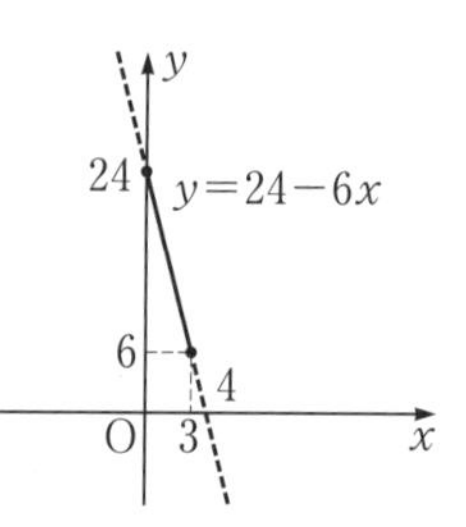

←高度が1kmと上がるごとに6℃ずつ下がる。

←定義域は $0 \leqq x \leqq 3$

◆関数

54a 4Lの水が入った水槽（すいそう）に毎分3Lの水を5分間入れる。x 分後の水の量を y Lとして，y を x の式で表せ。また，定義域を示せ。

54b 長さ18cmのろうそくがある。このろうそくは，火をつけると，1分間で2cmずつ短くなる。x 分後のろうそくの長さを y cmとして，y を x の式で表せ。また，定義域を示せ。

◆関数の値

55a 関数 $f(x)=2x-3$ において，$f(1)$，$f(-2)$ の値を求めよ。

55b 関数 $f(x)=-x^2$ において，$f(1)$，$f(-2)$ の値を求めよ。

基本事項

$y=ax^2$ のグラフ
$y=ax^2$ のグラフは，軸が y 軸，頂点が原点の放物線である。

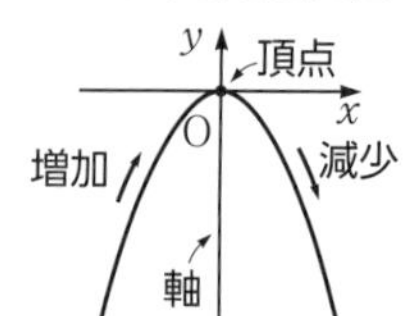

◆関数の値域

56a 次の関数のグラフをかけ。また，値域を求めよ。

(1) $y=x+1$ $(-3\leqq x\leqq 2)$

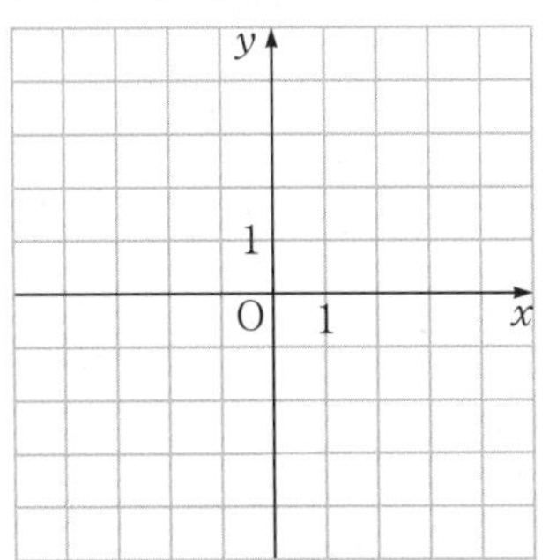

(2) $y=-x-3$ $(-4\leqq x\leqq 1)$

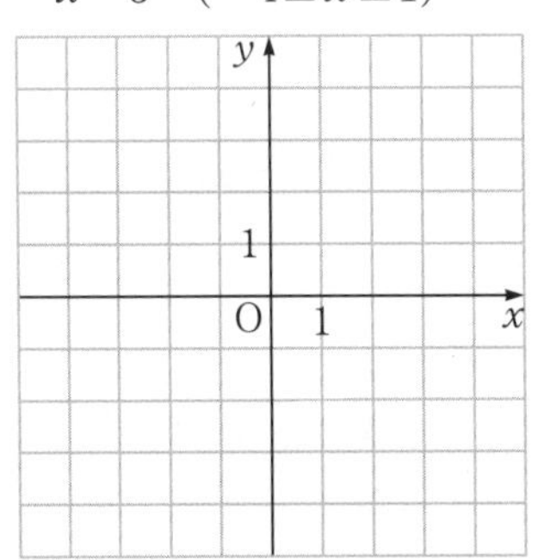

56b 次の関数のグラフをかけ。また，値域を求めよ。

(1) $y=2x-2$ $(1\leqq x\leqq 3)$

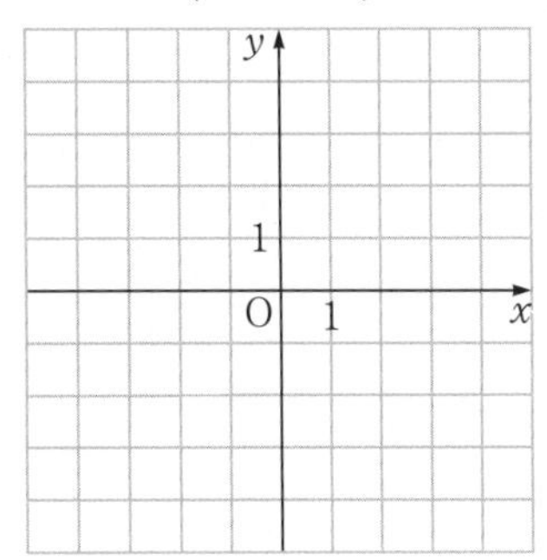

(2) $y=-2x+1$ $(-1\leqq x\leqq 2)$

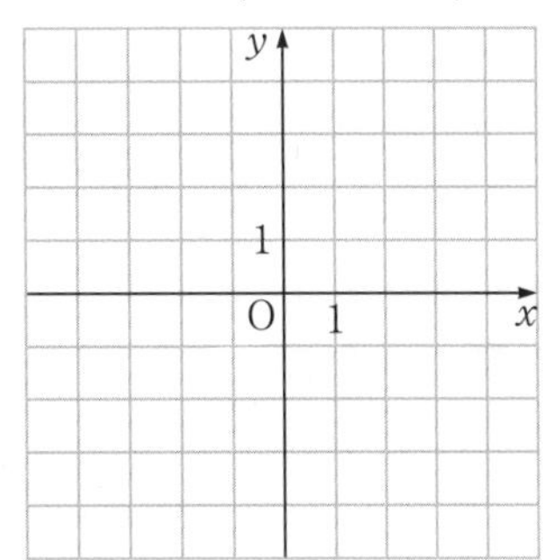

◆$y=ax^2$ のグラフ

57a 2次関数 $y=2x^2$ について，次の表を完成し，そのグラフをかけ。

x	…	-3	-2	-1	0	1	2	3	…
$2x^2$	…								…

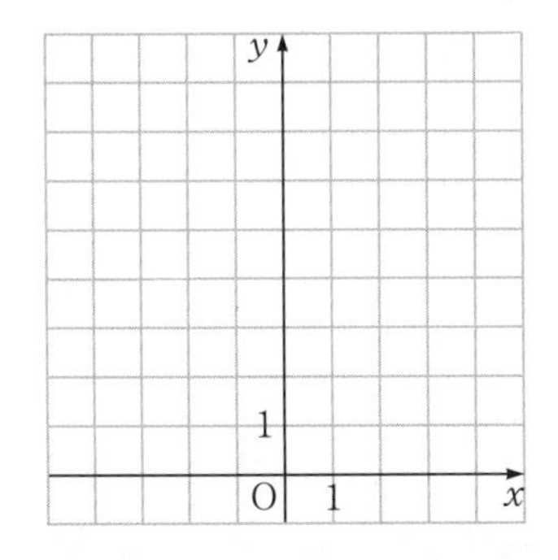

57b 2次関数 $y=-x^2$ について，次の表を完成し，そのグラフをかけ。

x	…	-3	-2	-1	0	1	2	3	…
$-x^2$	…								…

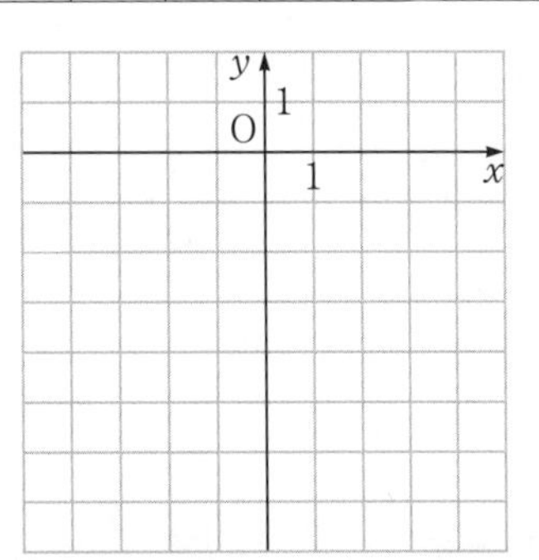

19 $y=ax^2+q$, $y=a(x-p)^2$ のグラフ

例 19 $y=ax^2+q$, $y=a(x-p)^2$ のグラフ

次の 2 次関数のグラフをかけ。

(1) $y=-2x^2+1$　　　　(2) $y=2(x+2)^2$

ポイント！

$y=ax^2$ のグラフを，どのように平行移動したものかを式から読み取る。

(1) $y=-2x^2+1$ のグラフは，

$y=-2x^2$ のグラフを

　y 軸方向に 1

だけ平行移動した放物線で，

　軸は y 軸，

　頂点は点$(0,\ 1)$

グラフは右の図のようになる。

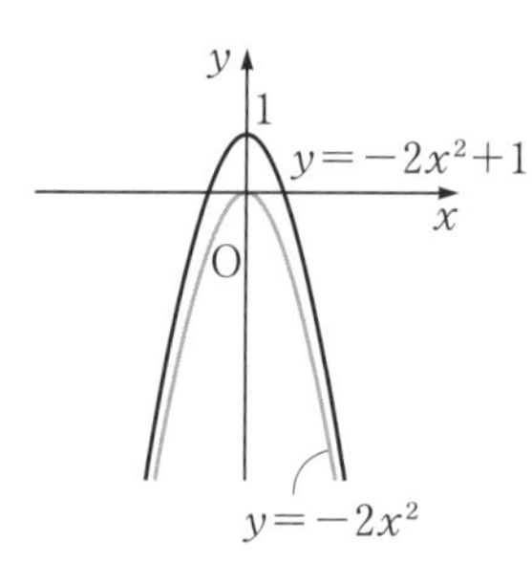

← 頂点$(0,\ 1)$を定めて，$y=-2x^2$ と同じ形のグラフをかく。

(2) 2 次関数 $y=2(x+2)^2$ は，

$y=2(x+2)^2=2\{x-(-2)\}^2$

と変形できるから，そのグラフは，$y=2x^2$ のグラフを

　x 軸方向に -2

だけ平行移動した放物線で，

　軸は直線 $x=-2$,

　頂点は点$(-2,\ 0)$

グラフは右の図のようになる。

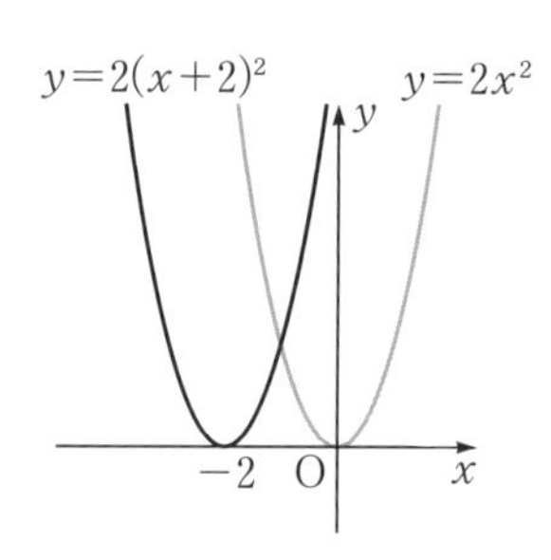

← 頂点$(-2,\ 0)$を定めて，$y=2x^2$ と同じ形のグラフをかく。

◆ $y=ax^2+q$ のグラフ

58a □にあてはまる数を入れて，2 次関数 $y=x^2-2$ のグラフをかけ。

$y=x^2-2$ のグラフは，$y=x^2$ のグラフを

　y 軸方向に ア□

だけ平行移動した放物線で，

　軸は y 軸，頂点は点(イ□，ウ□)

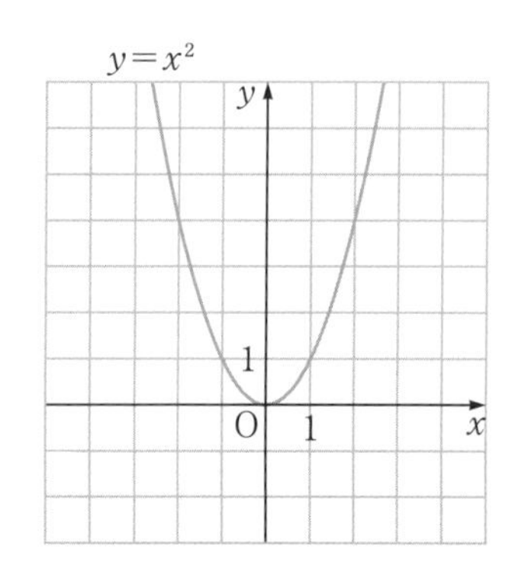

58b □にあてはまる数を入れて，2 次関数 $y=-2x^2+3$ のグラフをかけ。

$y=-2x^2+3$ のグラフは，$y=-2x^2$ のグラフを

　y 軸方向に ア□

だけ平行移動した放物線で，

　軸は y 軸，頂点は点(イ□，ウ□)

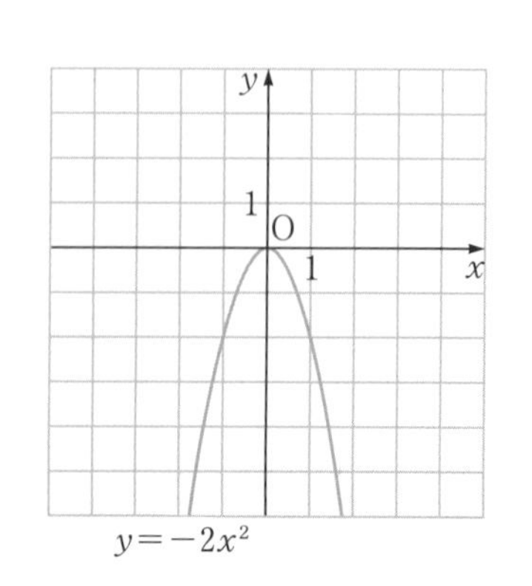

◆ $y=a(x-p)^2$ のグラフ

59a □にあてはまる数を入れて，2次関数のグラフをかけ。

(1)　$y=-(x-3)^2$ のグラフは，$y=-x^2$ のグラフを

x 軸方向に ア□

だけ平行移動した放物線で，

軸は直線 $x=$ イ□，

頂点は点(ウ□，エ□)

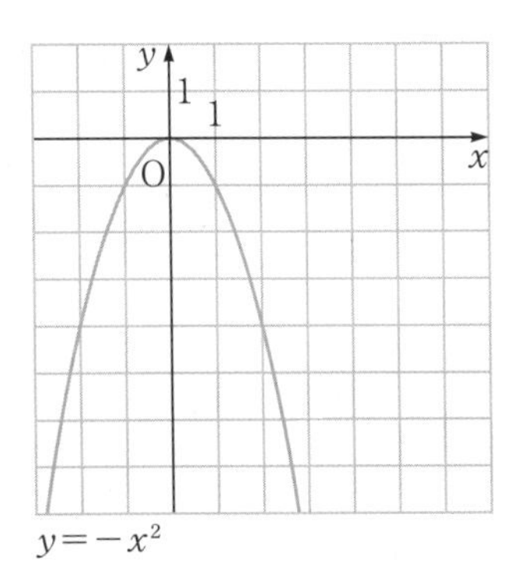

(2)　$y=2(x+3)^2$ のグラフは，$y=2x^2$ のグラフを

x 軸方向に ア□

だけ平行移動した放物線で，

軸は直線 $x=$ イ□，

頂点は点(ウ□，エ□)

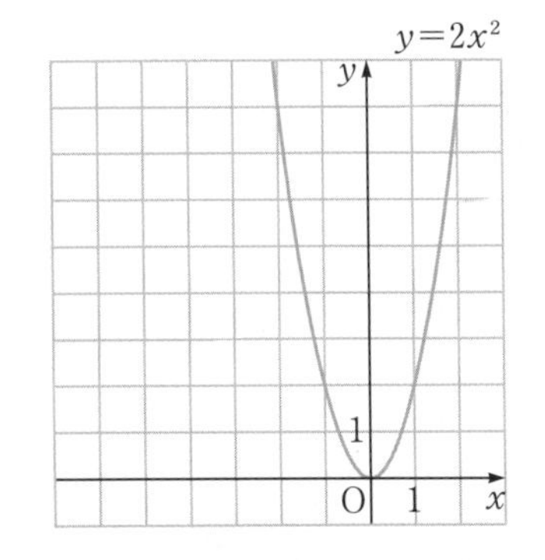

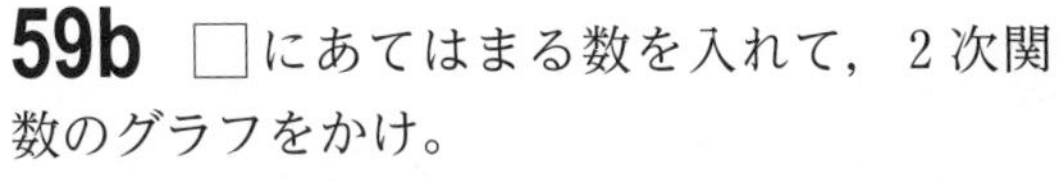

59b □にあてはまる数を入れて，2次関数のグラフをかけ。

(1)　$y=(x+1)^2$ のグラフは，$y=x^2$ のグラフを

x 軸方向に ア□

だけ平行移動した放物線で，

軸は直線 $x=$ イ□，

頂点は点(ウ□，エ□)

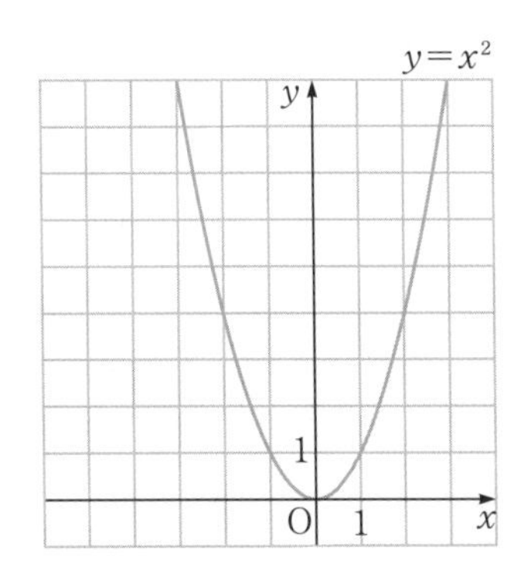

(2)　$y=-2(x-1)^2$ のグラフは，$y=-2x^2$ のグラフを

x 軸方向に ア□

だけ平行移動した放物線で，

軸は直線 $x=$ イ□，

頂点は点(ウ□，エ□)

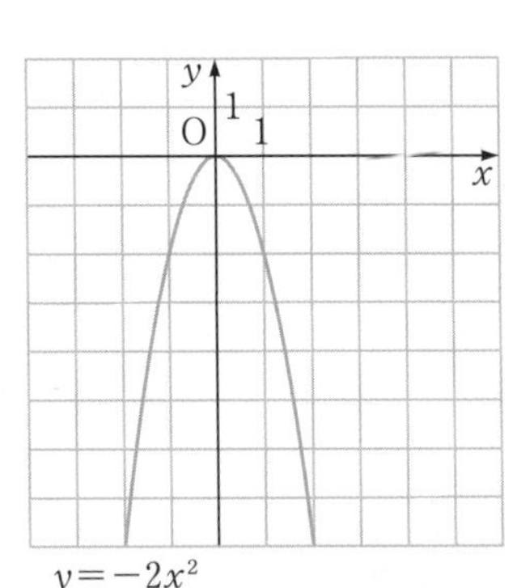

20 $y=a(x-p)^2+q$ のグラフ

 **20 $y=a(x-p)^2+q$ のグラフ**

2 次関数 $y=2(x+1)^2+2$ のグラフをかけ。

ポイント

$y=ax^2$ のグラフを，どのように平行移動したものかを式から読み取る。

解 $y=2(x+1)^2+2$ のグラフは，
$y=2x^2$ のグラフを
　x 軸方向に -1，
　y 軸方向に 2
だけ平行移動した放物線で，
　軸は直線 $x=-1$，
　頂点は点$(-1,\ 2)$
グラフは右の図のようになる。

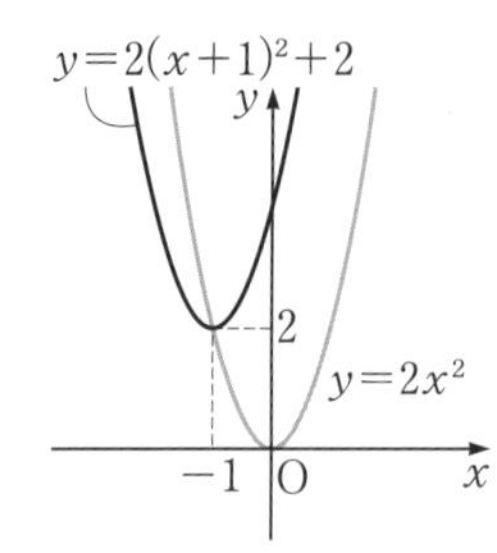

← $y=2(x+1)^2+2$
$=2\{x-(-1)\}^2+2$

← 頂点$(-1,\ 2)$を定めて，$y=2x^2$ と同じ形のグラフをかく。

◆ **$y=ax^2$ のグラフの平行移動**

60a 次の 2 次関数のグラフは，$y=3x^2$ のグラフをどのように平行移動したものか。

(1) $y=3(x+3)^2+1$

(2) $y=3(x-2)^2-4$

60b 次の 2 次関数のグラフは，$y=-x^2$ のグラフをどのように平行移動したものか。

(1) $y=-(x-1)^2+2$

(2) $y=-(x+2)^2-1$

基本事項

$y=a(x-p)^2+q$ のグラフ
$y=a(x-p)^2+q$ のグラフは，
$y=ax^2$ のグラフを
　x 軸方向に p，
　y 軸方向に q
だけ平行移動した放物線で，
　軸は直線 $x=p$，
　頂点は点$(p,\ q)$

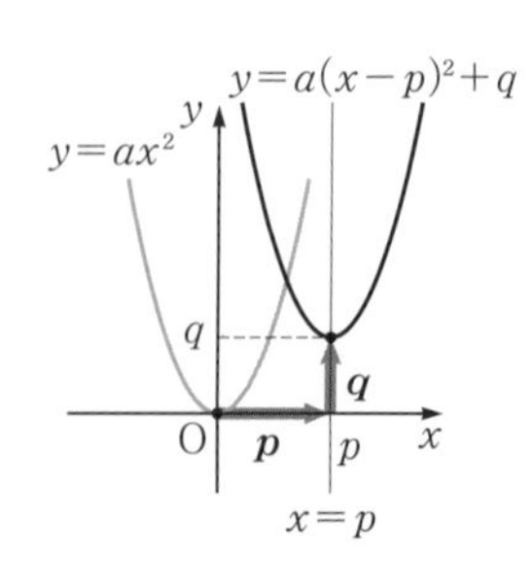

◆ $y=a(x-p)^2+q$ のグラフ

61a □にあてはまる数を入れて，2 次関数のグラフをかけ。

(1) $y=(x+2)^2+3$ のグラフは，$y=x^2$ のグラフを

x 軸方向に ア□，y 軸方向に イ□ だけ平行移動した放物線で，

軸は直線 $x=$ ウ□，

頂点は点(エ□，オ□)

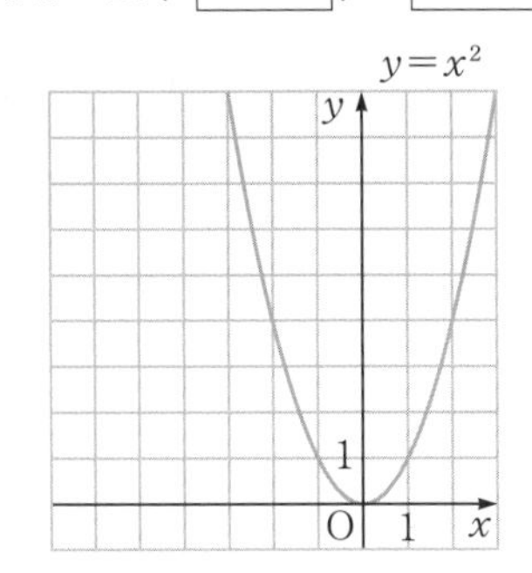

(2) $y=-(x-2)^2+4$ のグラフは，$y=-x^2$ のグラフを

x 軸方向に ア□，y 軸方向に イ□ だけ平行移動した放物線で，

軸は直線 $x=$ ウ□，

頂点は点(エ□，オ□)

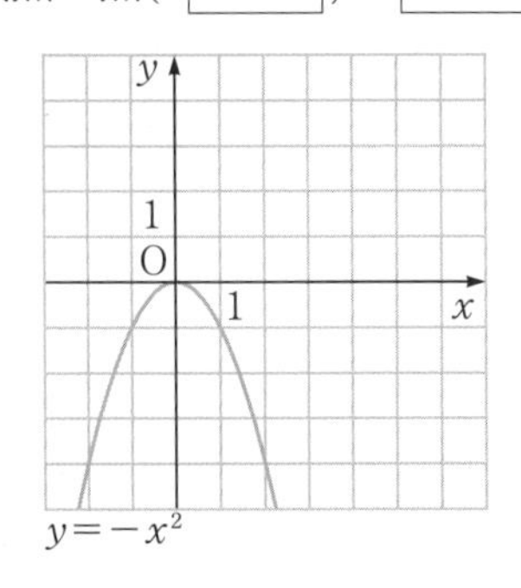

61b □にあてはまる数を入れて，2 次関数のグラフをかけ。

(1) $y=2(x+1)^2-1$ のグラフは，$y=2x^2$ のグラフを

x 軸方向に ア□，y 軸方向に イ□ だけ平行移動した放物線で，

軸は直線 $x=$ ウ□，

頂点は点(エ□，オ□)

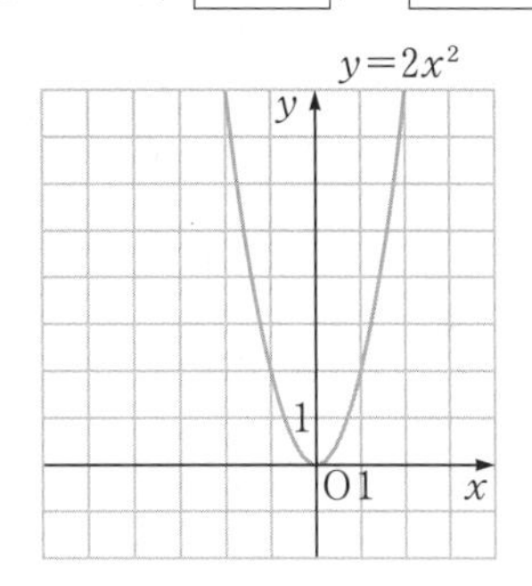

(2) $y=-2(x-2)^2-1$ のグラフは，$y=-2x^2$ のグラフを

x 軸方向に ア□，y 軸方向に イ□ だけ平行移動した放物線で，

軸は直線 $x=$ ウ□，

頂点は点(エ□，オ□)

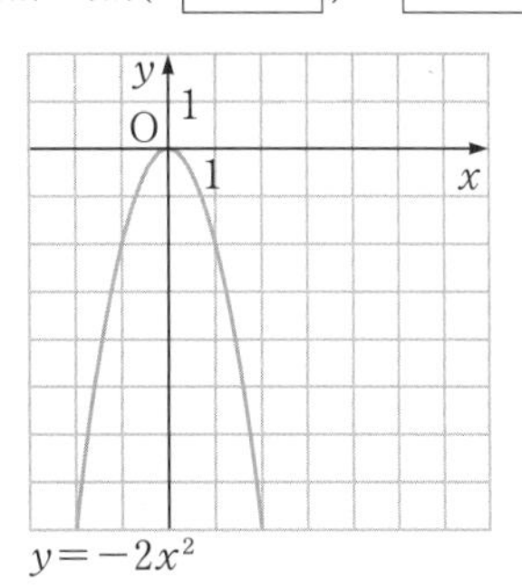

◆ $y=ax^2$ のグラフの平行移動

62a 2 次関数 $y=2x^2$ のグラフを，x 軸方向に 3，y 軸方向に -2 だけ平行移動した放物線をグラフとする 2 次関数を $y=a(x-p)^2+q$ の形で求めよ。

62b 2 次関数 $y=-x^2$ のグラフを，x 軸方向に -1，y 軸方向に 4 だけ平行移動した放物線をグラフとする 2 次関数を $y=a(x-p)^2+q$ の形で求めよ。

21 平方完成

例 21 平方完成

次の 2 次関数を $y=a(x-p)^2+q$ の形に変形せよ。

(1) $y=x^2-2x+3$　　(2) $y=2x^2+8x+3$

ポイント

(1) x の係数の半分に着目して，平方の形にする。

(2) 定数項以外を x^2 の係数でくくり，(1)と同様にする。

解 (1) $\boldsymbol{y}=x^2-2x+3$

$=x^2-2\cdot1x+3$

$=(x-1)^2-1^2+3$

$=\boldsymbol{(x-1)^2+2}$

平方の差を作る。
定数項を計算する。

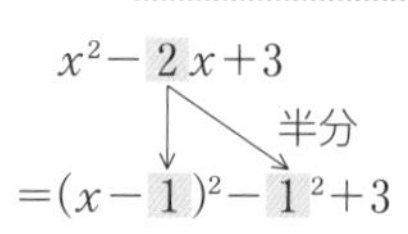

(2) $\boldsymbol{y}=2x^2+8x+3$

$=2(x^2+4x)+3$

$=2\{(x+2)^2-2^2\}+3$

$=2(x+2)^2-8+3$

$=\boldsymbol{2(x+2)^2-5}$

x^2 の係数 2 でくくる。
{　}の中で平方の差を作る。
{　}をはずす。
定数項を計算する。

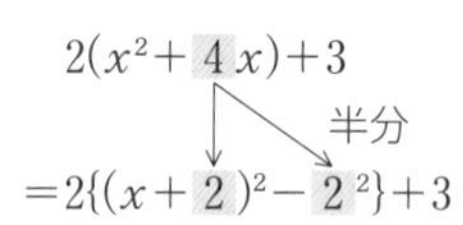

◆ $y=x^2+bx+c$ の変形

63a 次の 2 次関数を $y=(x-p)^2+q$ の形に変形せよ。

(1) $y=x^2-4x$

(2) $y=x^2+2x+6$

(3) $y=x^2-6x+3$

63b 次の 2 次関数を $y=(x-p)^2+q$ の形に変形せよ。

(1) $y=x^2+8x$

(2) $y=x^2+4x-2$

(3) $y=x^2-8x-3$

◆ $y=x^2+bx+c$ の変形

64a 次の 2 次関数を $y=(x-p)^2+q$ の形に変形せよ。

(1) $y=x^2+x+1$

(2) $y=x^2-3x-2$

64b 次の 2 次関数を $y=(x-p)^2+q$ の形に変形せよ。

(1) $y=x^2+3x+5$

(2) $y=x^2-5x+1$

◆ $y=ax^2+bx+c$ の変形

65a 次の 2 次関数を $y=a(x-p)^2+q$ の形に変形せよ。

(1) $y=2x^2+12x+9$

(2) $y=-x^2-10x-10$

65b 次の 2 次関数を $y=a(x-p)^2+q$ の形に変形せよ。

(1) $y=3x^2-6x+5$

(2) $y=-2x^2+4x-3$

▶ p.171 補充問題 8

22 $y=ax^2+bx+c$ のグラフ

 **22** $y=ax^2+bx+c$ のグラフ

2 次関数 $y=3x^2-6x+1$ のグラフの軸と頂点を求め，そのグラフをかけ。

ポイント

$y=a(x-p)^2+q$ の形に変形して軸と頂点を求める。頂点の座標と y 軸との交点の座標をもとにグラフをかく。

解 $y=3x^2-6x+1=3(x-1)^2-2$

よって，この関数のグラフは，

軸が直線 $x=1$，

頂点が点 $(1,\ -2)$

の下に凸の放物線である。

また，y 軸との交点は点 $(0,\ 1)$ である。

したがって，グラフは右の図のようになる。

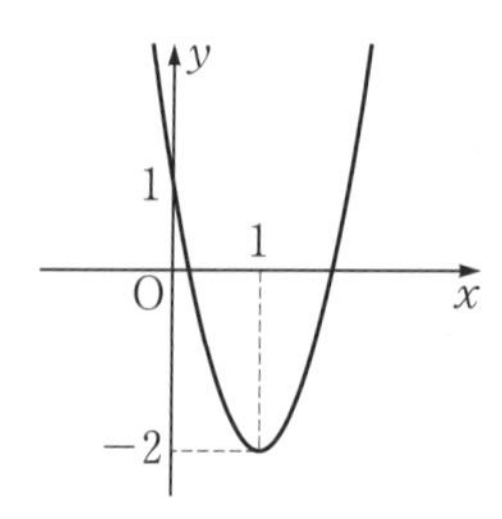

← $y=3x^2-6x+1=3(x^2-2x)+1$

$=3\{(x-1)^2-1^2\}+1$

$=3(x-1)^2-3+1$

$=3(x-1)^2-2$

← 上に凸か下に凸か確認する。

← $y=3x^2-6x+1$ に $x=0$ を代入して，y 座標を求める。

◆ $y=x^2+bx+c$ のグラフ

66a 2 次関数 $y=x^2-4x+5$ のグラフの軸と頂点を求め，そのグラフをかけ。

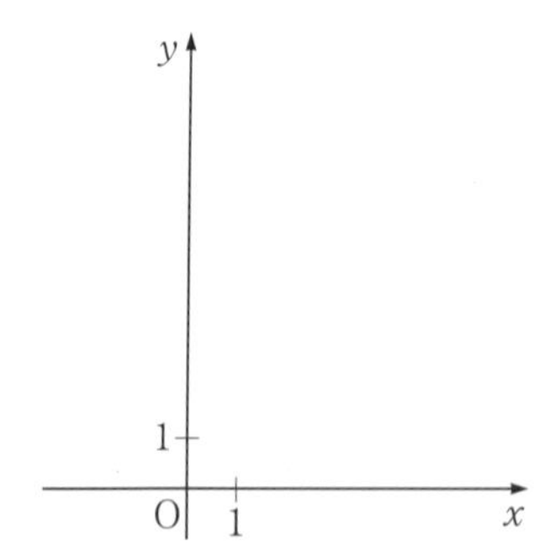

66b 2 次関数 $y=x^2+2x-6$ のグラフの軸と頂点を求め，そのグラフをかけ。

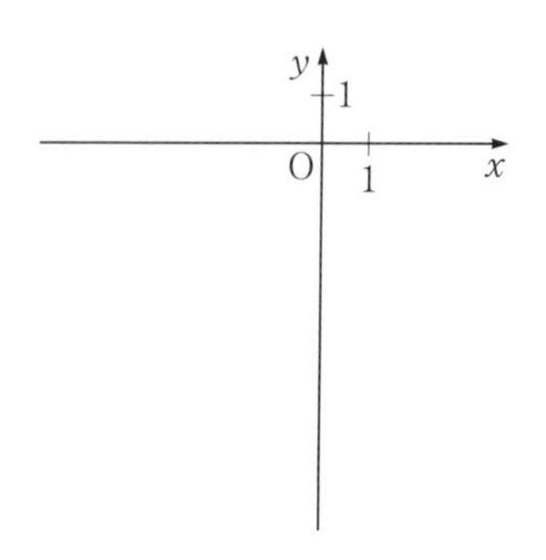

基本事項 $y=ax^2+bx+c$ のグラフ

$y=ax^2+bx+c$ のグラフは，$y=ax^2$ のグラフを

x 軸方向に $-\dfrac{b}{2a}$，　y 軸方向に $-\dfrac{b^2-4ac}{4a}$

だけ平行移動した放物線で，

軸は直線 $x=-\dfrac{b}{2a}$，　頂点は点 $\left(-\dfrac{b}{2a},\ -\dfrac{b^2-4ac}{4a}\right)$

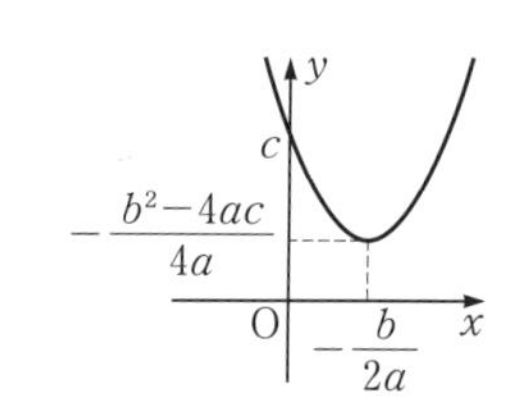

◆ $y=ax^2+bx+c$ のグラフ

67a 次の2次関数のグラフの軸と頂点を求め，そのグラフをかけ。

(1) $y=2x^2-4x+3$

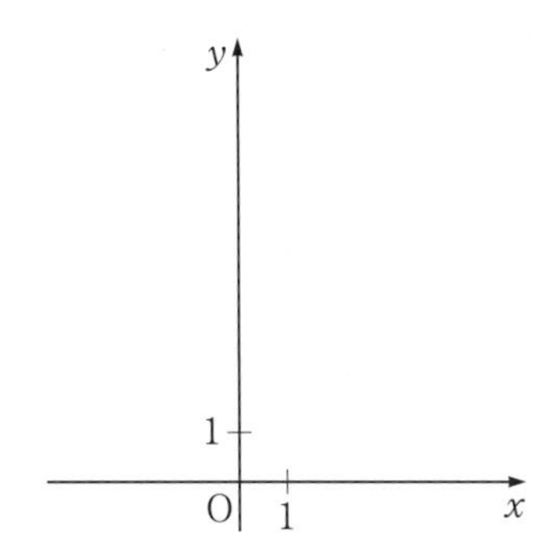

(2) $y=-x^2-4x$

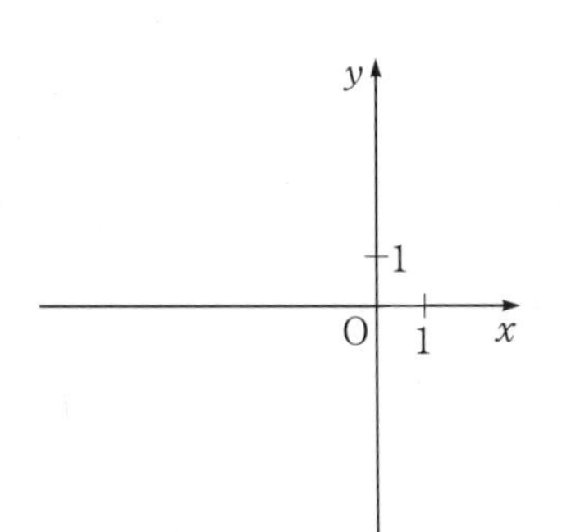

67b 次の2次関数のグラフの軸と頂点を求め，そのグラフをかけ。

(1) $y=2x^2+8x+3$

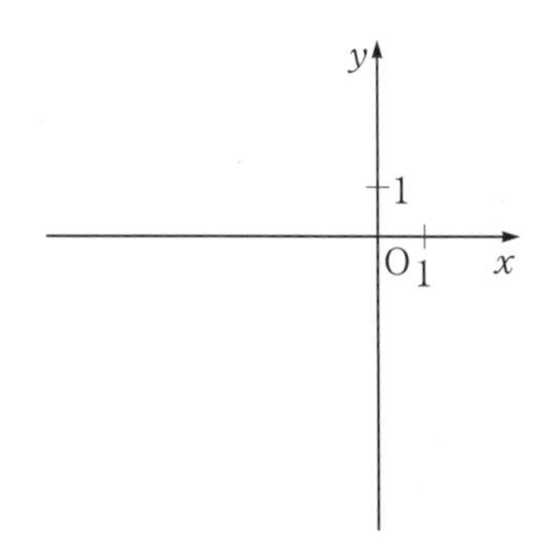

(2) $y=-3x^2+6x-3$

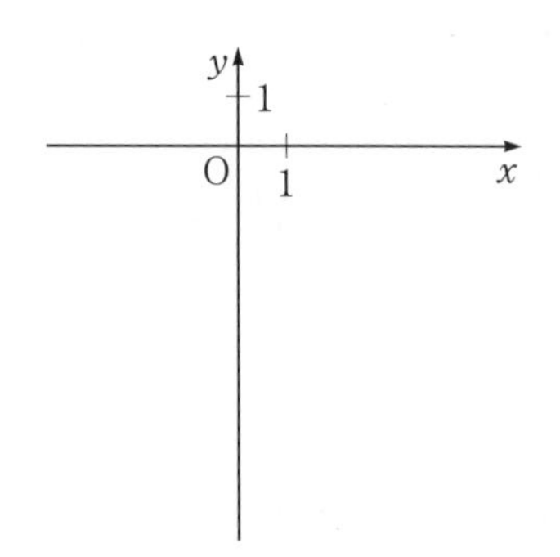

2次関数の最大・最小(1)

例 23 $y=ax^2+bx+c$ の最大値・最小値

2次関数 $y=-x^2+4x+3$ に最大値，最小値があれば，それを求めよ。

ポイント!
$y=a(x-p)^2+q$ の形に変形して，a の符号と頂点に着目する。

解

$y=-x^2+4x+3$
$=-(x-2)^2+7$

よって，y は
$x=2$ で最大値 7 をとり，
最小値はない。

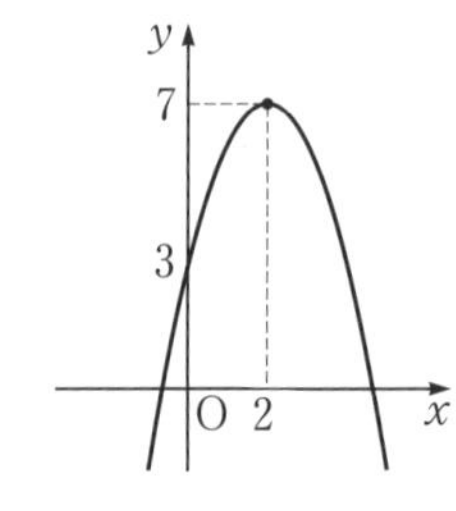

◆ $y=a(x-p)^2+q$ の最大値・最小値

68a 次の2次関数に最大値，最小値があれば，それを求めよ。

(1) $y=(x+1)^2-3$

(2) $y=-(x-2)^2+4$

68b 次の2次関数に最大値，最小値があれば，それを求めよ。

(1) $y=2(x+3)^2$

(2) $y=-2(x-3)^2+7$

基本事項 $y=a(x-p)^2+q$ の最大・最小

2次関数 $y=a(x-p)^2+q$ は，

$a>0$ のとき，
$x=p$ で最小値 q をとり，最大値はない。

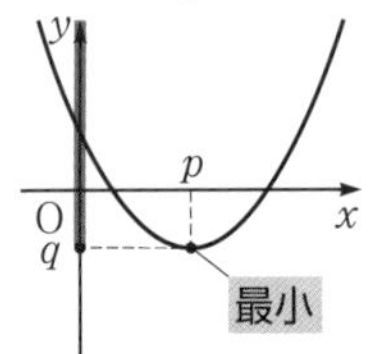

$a<0$ のとき，
$x=p$ で最大値 q をとり，最小値はない。

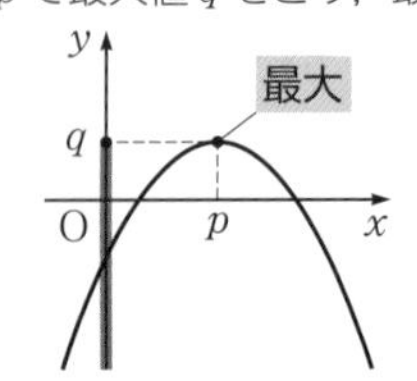

◆ $y=ax^2+bx+c$ の最大値・最小値

69a 次の 2 次関数に最大値，最小値があれば，それを求めよ。

(1) $y=x^2+8x-3$

(2) $y=2x^2-8x-1$

(3) $y=-x^2+10x-25$

69b 次の 2 次関数に最大値，最小値があれば，それを求めよ。

(1) $y=x^2-4x+9$

(2) $y=3x^2+12x$

(3) $y=-2x^2-4x+3$

24　2次関数の最大・最小(2)

例 24　定義域に制限がある場合の最大値・最小値

次の 2 次関数の最大値および最小値を求めよ。

$$y=-x^2-4x+1\quad(-3\leqq x\leqq 1)$$

ポイント！
グラフをかいて，頂点の y 座標と定義域の両端での y 座標に注目する。

解　$y=-(x+2)^2+5$ より，このグラフの頂点は点 $(-2,\ 5)$ である。
$-3\leqq x\leqq 1$ におけるグラフは，右の図の実線で表された部分である。
よって，y は
　　$x=-2$ で最大値 5，
　　$x=1$ で最小値 -4　をとる。

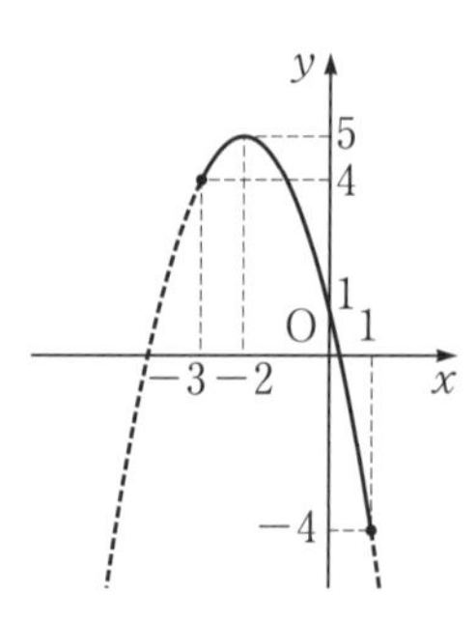

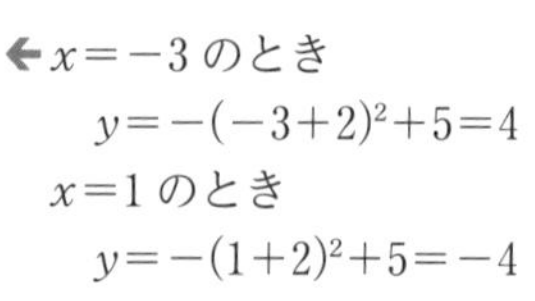
←$x=-3$ のとき
　$y=-(-3+2)^2+5=4$
$x=1$ のとき
　$y=-(1+2)^2+5=-4$

◆定義域に制限がある場合の最大値・最小値

70a　定義域が次の場合について，2 次関数 $y=x^2+2x$ の最大値および最小値を求めよ。

(1)　$-3\leqq x\leqq 0$

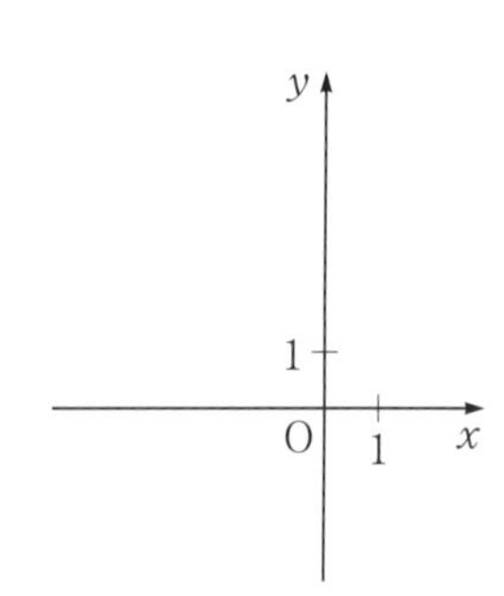

(2)　$0\leqq x\leqq 1$

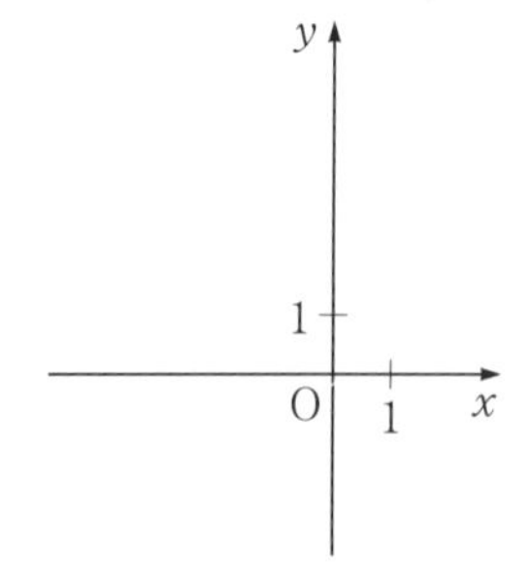

(3)　$-2\leqq x\leqq 0$

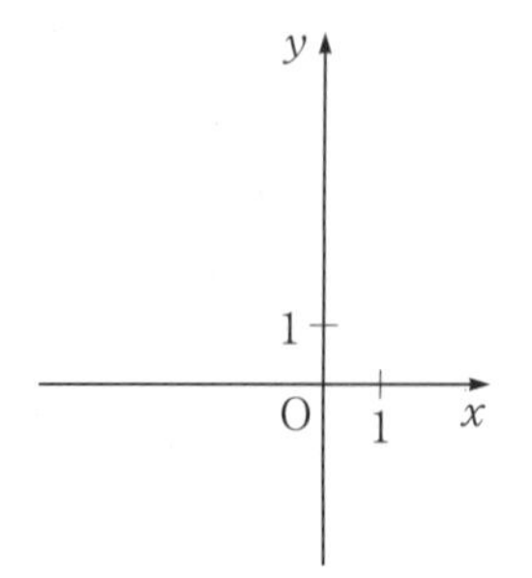

70b　定義域が次の場合について，2 次関数 $y=-x^2+2x+2$ の最大値および最小値を求めよ。

(1)　$0\leqq x\leqq 3$

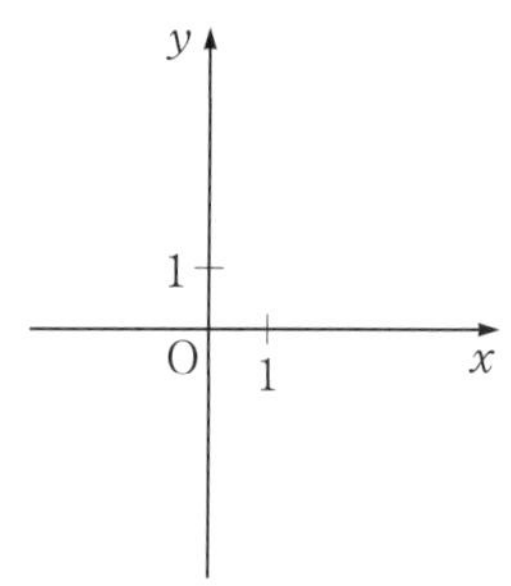

(2)　$-1\leqq x\leqq 0$

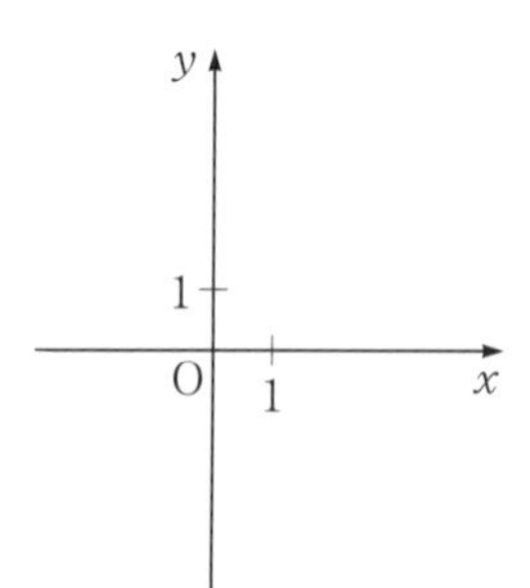

(3)　$-1\leqq x\leqq 3$

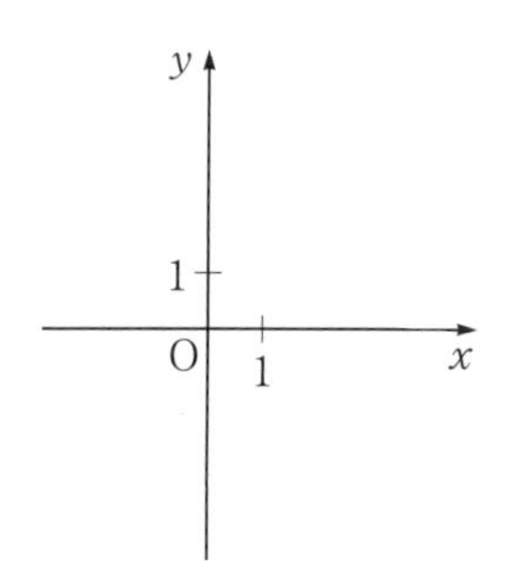

◆定義域に制限がある場合の最大値・最小値

71a 次の 2 次関数の最大値および最小値を求めよ。

(1) $y=x^2-2x-2$ $(-2\leqq x\leqq 2)$

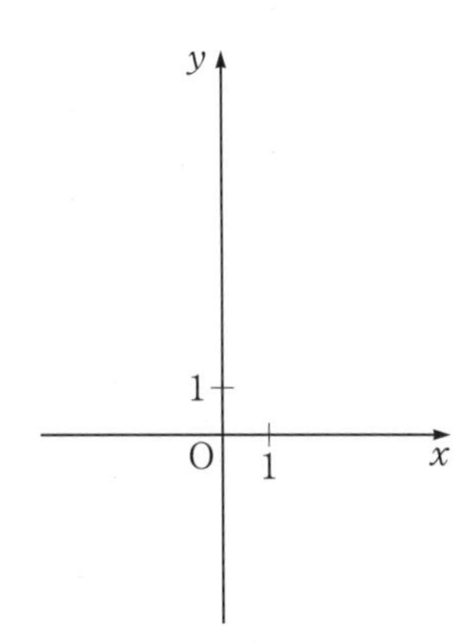

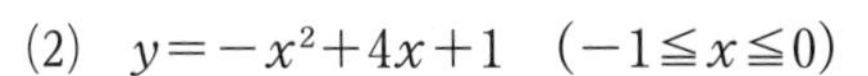

(2) $y=-x^2+4x+1$ $(-1\leqq x\leqq 0)$

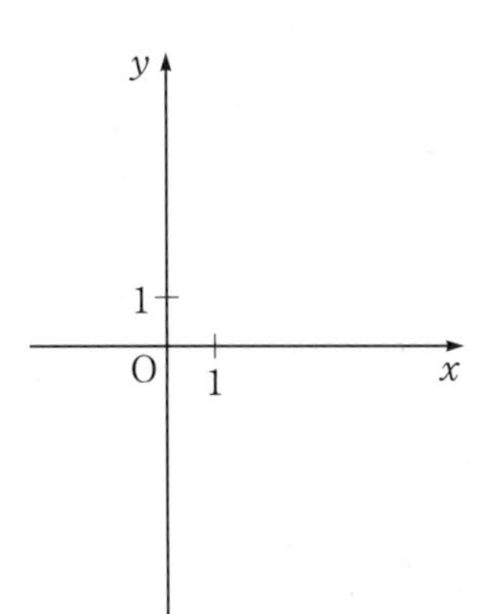

71b 次の 2 次関数の最大値および最小値を求めよ。

(1) $y=x^2-4x$ $(3\leqq x\leqq 5)$

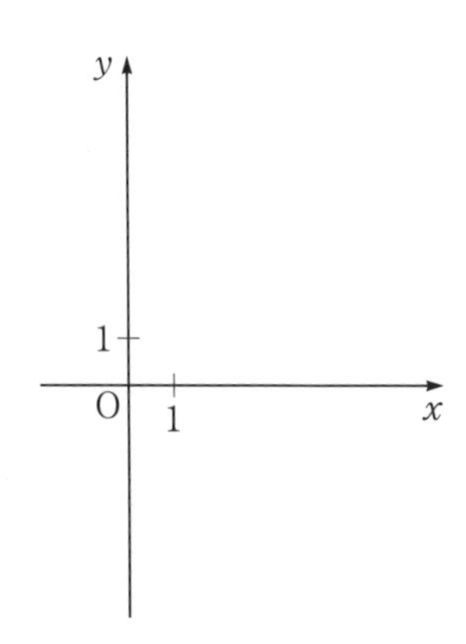

(2) $y=-2x^2-4x+3$ $(-2\leqq x\leqq 1)$

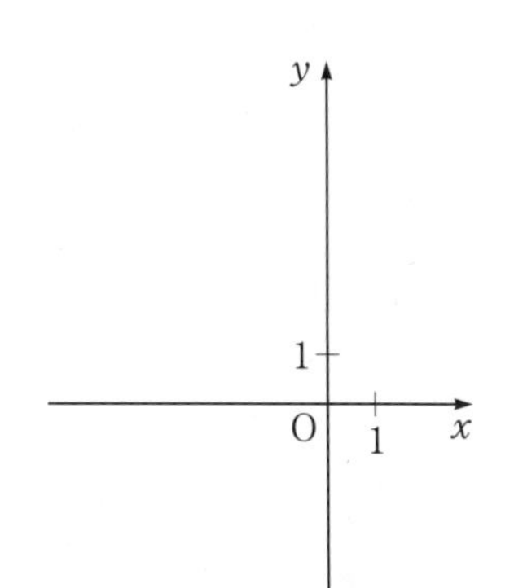

25 2次関数の決定

例 25 **頂点と通る1点が与えられたとき**

頂点が点(1, 3)で，点(2, 4)を通る放物線をグラフとする2次関数を求めよ。

ポイント!
頂点の座標$(p,\ q)$が与えられているときは，求める2次関数を$y=a(x-p)^2+q$とおき，通る点の条件からaの値を求める。

解 頂点が点(1, 3)であるから，求める2次関数は

$$y=a(x-1)^2+3$$

と表される。

このグラフが点(2, 4)を通るから，$x=2$のとき$y=4$である。

よって　$4=a(2-1)^2+3$　　　これを解いて　$a=1$

したがって，求める2次関数は　$y=(x-1)^2+3$　　すなわち　$\boldsymbol{y=x^2-2x+4}$

◆頂点と通る1点が与えられたとき

72a 頂点が点(2, 3)で，点(3, 4)を通る放物線をグラフとする2次関数を求めよ。

72b 頂点が点(−1, −2)で，点(0, −4)を通る放物線をグラフとする2次関数を求めよ。

◆軸と通る2点が与えられたとき

73a 軸が直線$x=1$で，2点(2, 3)，(−1, 6)を通る放物線をグラフとする2次関数を求めよ。

73b 軸が直線$x=-2$で，2点(1, −6)，(−1, 2)を通る放物線をグラフとする2次関数を求めよ。

2次関数の決定

与えられた条件		求める2次関数の形
頂点の座標$(p,\ q)$と通る1点	⟶	$y=a(x-p)^2+q$
軸　直線$x=p$と通る2点	⟶	$y=a(x-p)^2+q$
通る3点	⟶	$y=ax^2+bx+c$

検印

◆通る 3 点が与えられたとき

74a グラフが次の 3 点を通る 2 次関数を求めよ。

(1) $(0,\ -3)$, $(1,\ 0)$, $(-1,\ -4)$

(2) $(2,\ 5)$, $(0,\ 3)$, $(-1,\ 8)$

74b グラフが次の 3 点を通る 2 次関数を求めよ。

(1) $(0,\ 1)$, $(2,\ 1)$, $(-2,\ 9)$

(2) $(1,\ 0)$, $(-2,\ -3)$, $(0,\ 5)$

26 2次方程式の解

例 26 2次方程式の解

次の2次方程式を解け。

(1) $2x^2-3x+1=0$　　(2) $x^2-2x-4=0$

ポイント!

(1) 左辺を因数分解する。
(2) 左辺が因数分解できないときは，解の公式を利用する。

(1) 左辺を因数分解して　$(x-1)(2x-1)=0$

よって　$x-1=0$　または　$2x-1=0$

したがって　$\boldsymbol{x=1,\ \frac{1}{2}}$

←
$$\begin{array}{ccc} 1 & -1 & \longrightarrow -2 \\ 2 & -1 & \longrightarrow -1 \\ \hline & & -3 \end{array}$$

(2) 解の公式により

$$x=\frac{-(-2)\pm\sqrt{(-2)^2-4\cdot1\cdot(-4)}}{2\cdot1}=\frac{2\pm\sqrt{20}}{2}$$

← $1x^2+(-2)x+(-4)=0$

$$=\frac{2\pm2\sqrt{5}}{2}=\boldsymbol{1\pm\sqrt{5}}$$

← 根号の中を簡単にする。
2で約分する。

◆因数分解による解法

75a 次の2次方程式を解け。

(1) $x^2-7x+12=0$

(2) $x^2+x=0$

(3) $x^2-9=0$

75b 次の2次方程式を解け。

(1) $x^2+8x+15=0$

(2) $2x^2-3x=0$

(3) $x^2+6x+9=0$

◆因数分解(たすき掛け)による解法

76a 次の2次方程式を解け。

(1) $2x^2+7x+3=0$

(2) $4x^2-7x-2=0$

76b 次の2次方程式を解け。

(1) $3x^2+4x-4=0$

(2) $8x^2-14x+3=0$

基本事項

2次方程式の解の公式

2次方程式 $ax^2+bx+c=0$ の解は　$\boldsymbol{x=\frac{-b\pm\sqrt{b^2-4ac}}{2a}}$

◆ 2次方程式の解の公式

77a 次の2次方程式を解け。

(1) $2x^2+3x-1=0$

(2) $x^2-3x-1=0$

77b 次の2次方程式を解け。

(1) $2x^2+5x+1=0$

(2) $3x^2-9x+5=0$

◆ 2次方程式の解の公式

78a 次の2次方程式を解け。

(1) $x^2+8x+5=0$

(2) $2x^2-6x+3=0$

78b 次の2次方程式を解け。

(1) $x^2-4x+1=0$

(2) $3x^2-2x-6=0$

▶ p.172 補充問題 9

27 2次方程式の実数解の個数

例 27 2次方程式の解に関する条件

2次方程式 $x^2-x+m=0$ が実数解をもつとき，定数mの値の範囲を求めよ。

ポイント
実数解をもつのは次の場合がある。
・異なる2個の実数解をもつ
・1個の実数解(重解)をもつ

2次方程式 $x^2-x+m=0$ の判別式をDとする。実数解をもつための条件は，$D\geqq 0$ が成り立つことである。

$D=(-1)^2-4\cdot 1\cdot m=1-4m$　　← $D=b^2-4ac$

であるから　$1-4m\geqq 0$　　これを解いて　$m\leqq\dfrac{1}{4}$

◆ 2次方程式の実数解の個数

79a 次の2次方程式の実数解の個数を求めよ。

(1) $x^2+2x-4=0$

(2) $x^2-3x+3=0$

(3) $9x^2-6x+1=0$

79b 次の2次方程式の実数解の個数を求めよ。

(1) $x^2+6x+9=0$

(2) $x^2-7x+10=0$

(3) $2x^2-x+1=0$

2次方程式 $ax^2+bx+c=0$ の実数解の個数
$D=b^2-4ac>0$ のとき，異なる2個の実数解をもつ
$D=b^2-4ac=0$ のとき，1個の実数解(重解)をもつ
（以上2つ）$D\geqq 0$ のとき，実数解をもつ。
$D=b^2-4ac<0$ のとき，実数解をもたない

◆ 2次方程式の解に関する条件

80a 2次方程式 $x^2+6x+m=0$ の解が次の条件を満たすとき，定数 m の値，または m の値の範囲を求めよ。

(1) 実数解をもつ。

(2) 重解をもつ。

(3) 実数解をもたない。

80b 2次方程式 $2x^2-x+m=0$ の解が次の条件を満たすとき，定数 m の値，または m の値の範囲を求めよ。

(1) 実数解をもつ。

(2) 重解をもつ。

(3) 実数解をもたない。

28　2次関数のグラフとx軸の共有点

例 28　グラフとx軸の関係

2次関数 $y=3x^2-2x+m$ のグラフがx軸と異なる2点で交わるとき，定数mの値の範囲を求めよ。

ポイント!
グラフがx軸と異なる2点で交わるとき，$D>0$である。

解　2次方程式 $3x^2-2x+m=0$ の判別式をDとする。
グラフがx軸と異なる2点で交わるための条件は，$D>0$が成り立つことである。

$$D=(-2)^2-4\cdot3\cdot m=4-12m$$

← $D=b^2-4ac$

であるから　$4-12m>0$　　これを解いて　$m<\dfrac{1}{3}$

◆グラフとx軸の共有点のx座標

81a　次の2次関数のグラフとx軸の共有点のx座標を求めよ。

(1)　$y=x^2+5x+6$

(2)　$y=-x^2-6x-9$

(3)　$y=2x^2-7x+4$

81b　次の2次関数のグラフとx軸の共有点のx座標を求めよ。

(1)　$y=-x^2+6x-5$

(2)　$y=4x^2-4x+1$

(3)　$y=x^2-4x+2$

2次関数 $y=ax^2+bx+c$ のグラフとx軸の位置関係

$D=b^2-4ac$ の符号	$D>0$	$D=0$	$D<0$
グラフとx軸の位置関係	異なる2点で交わる	接する	交わらない
共有点の個数	2個	1個	0個
$ax^2+bx+c=0$ の実数解の個数	2個	1個(重解)	0個

(2次関数 $y=ax^2+bx+c$ のグラフとx軸の共有点の個数)＝(2次方程式 $ax^2+bx+c=0$ の実数解の個数)

◆グラフと x 軸の共有点の個数

82a 次の2次関数のグラフと x 軸の共有点の個数を求めよ。

(1) $y=x^2+4x+3$

(2) $y=2x^2-3x+5$

(3) $y=-x^2+4x-4$

82b 次の2次関数のグラフと x 軸の共有点の個数を求めよ。

(1) $y=2x^2+4x+2$

(2) $y=2x^2-4x+5$

(3) $y=-x^2+2x+3$

◆グラフと x 軸の関係(異なる2点で交わる)

83a 2次関数 $y=x^2+4x+m$ のグラフが x 軸と異なる2点で交わるとき，定数 m の値の範囲を求めよ。

83b 2次関数 $y=-2x^2+4x-m$ のグラフが x 軸と異なる2点で交わるとき，定数 m の値の範囲を求めよ。

◆グラフと x 軸の関係(接する)

84a 2次関数 $y=x^2-3x-m$ のグラフが x 軸と接するとき，定数 m の値を求めよ。

84b 2次関数 $y=-x^2+mx-2m$ のグラフが x 軸と接するとき，定数 m の値を求めよ。

29 2次不等式(1)

例29 2次不等式

次の2次不等式を解け。

(1) $x^2+4x-5>0$　　(2) $2x^2-3x-1 \leqq 0$

ポイント!
(左辺)=0を因数分解，あるいは解の公式を利用して解く。

解 (1) $x^2+4x-5=0$ を解くと，$(x+5)(x-1)=0$ から

$x=-5,\ 1$

よって，求める解は　$\boldsymbol{x<-5,\ 1<x}$

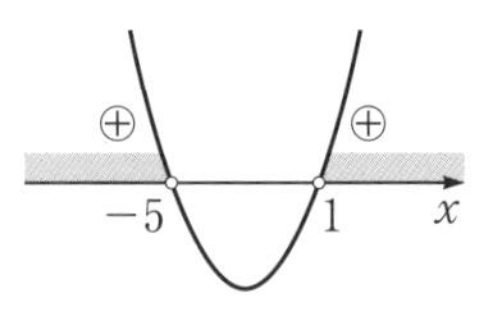

(2) $2x^2-3x-1=0$ を解くと

$$x=\frac{-(-3)\pm\sqrt{(-3)^2-4\cdot2\cdot(-1)}}{2\cdot2}=\frac{3\pm\sqrt{17}}{4}$$

よって，求める解は

$$\boldsymbol{\frac{3-\sqrt{17}}{4} \leqq x \leqq \frac{3+\sqrt{17}}{4}}$$

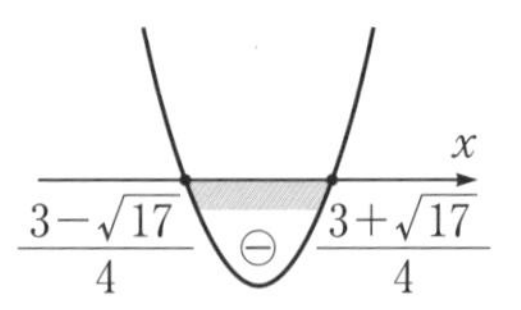

◆ 2次不等式(因数分解の利用)

85a 次の2次不等式を解け。

(1) $(x-1)(x-2)>0$

(2) $x^2-x-12<0$

(3) $x^2-7x+12 \geqq 0$

85b 次の2次不等式を解け。

(1) $(x+6)(x-1)<0$

(2) $x^2-x-2 \geqq 0$

(3) $x^2-5x>0$

2次不等式の解

$a>0$ とする。2次方程式 $ax^2+bx+c=0$ の実数解が $\alpha,\ \beta\ (\alpha<\beta)$ のとき，

$ax^2+bx+c>0$ の解は　$x<\alpha,\ \beta<x$

$ax^2+bx+c<0$ の解は　$\alpha<x<\beta$

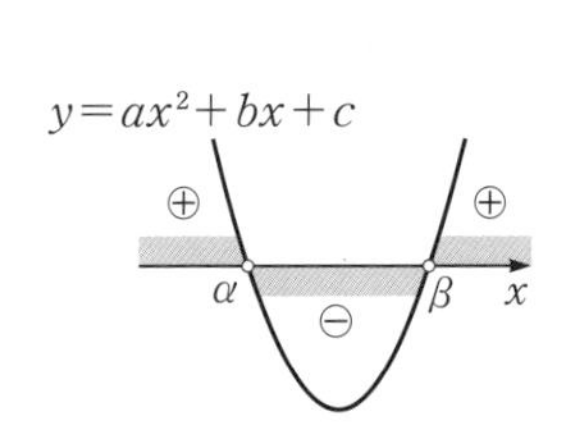

◆ 2 次不等式（因数分解の利用）

86a 次の 2 次不等式を解け。

(1) $2x^2+7x+5>0$

(2) $4x^2-3x-1<0$

86b 次の 2 次不等式を解け。

(1) $3x^2+4x-7\leqq 0$

(2) $6x^2+x-2>0$

◆ 2 次不等式（解の公式の利用）

87a 次の 2 次不等式を解け。

(1) $x^2-5x+3>0$

(2) $x^2-2x-1\leqq 0$

87b 次の 2 次不等式を解け。

(1) $x^2-x-3<0$

(2) $2x^2+4x+1>0$

▶ p.173 補充問題 10

30 2次不等式(2)

例 30 2次不等式

次の2次不等式を解け。

(1) $x^2+2x+1<0$ (2) $x^2-2x+4>0$

グラフから不等式を満たす x の値の範囲を求める。

(1) $x^2+2x+1=(x+1)^2$ と変形できるから，
$y=x^2+2x+1$ のグラフは，右の図のように
$x=-1$ で x 軸と接している。
グラフから，すべての x の値に対して $y \geqq 0$ である。
よって，$x^2+2x+1<0$ の**解はない**。

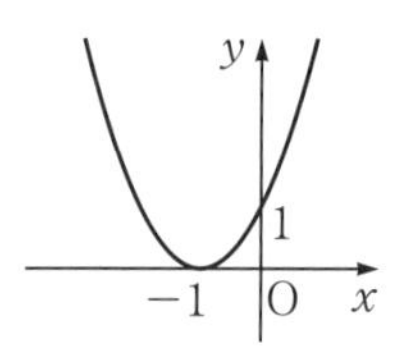

(2) 2次方程式 $x^2-2x+4=0$ の判別式を D とすると

$$D=(-2)^2-4\cdot1\cdot4=-12<0$$

であるから，2次関数 $y=x^2-2x+4$ のグラフは，
右の図のように x 軸と共有点をもたない。
グラフから，すべての x の値に対して $y>0$ である。
よって，$x^2-2x+4>0$ の解は，**すべての実数**

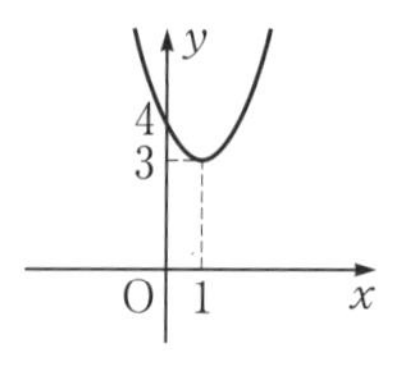

← $y=x^2-2x+4$
$=(x-1)^2+3$

◆ 2次不等式(x^2 の係数が負)

88a 次の2次不等式を解け。

(1) $-x^2-5x+14 \geqq 0$

(2) $-2x^2+x+1>0$

88b 次の2次不等式を解け。

(1) $-x^2+2x+15<0$

(2) $-2x^2-2x+1 \leqq 0$

◆ 2次不等式(グラフが x 軸と接する)

89a 次の2次不等式を解け。

(1) $x^2+6x+9>0$

(2) $x^2-8x+16<0$

89b 次の2次不等式を解け。

(1) $x^2-10x+25\geqq 0$

(2) $x^2+4x+4\leqq 0$

◆ 2次不等式(グラフが x 軸と共有点をもたない)

90a 次の2次不等式を解け。

(1) $x^2+2x+3>0$

(2) $x^2+6x+10<0$

90b 次の2次不等式を解け。

(1) $x^2-4x+5\geqq 0$

(2) $x^2-2x+2\leqq 0$

▶ p.173 補充問題 11

三角比(1)

三平方の定理を確認しよう

例 31　三角比の値(三平方の定理の利用)

右の図の直角三角形 ABC において，
$\sin A$，$\cos A$，$\tan A$ の値を求めよ。

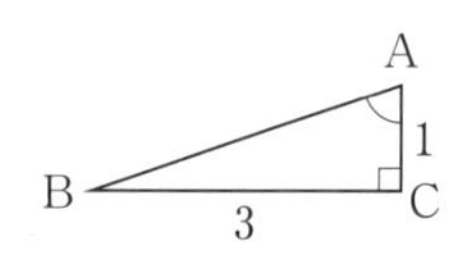

ポイント!
三平方の定理を利用して，残りの辺の長さを求める。

三平方の定理により

$AB^2=AC^2+BC^2=1^2+3^2=10$

$AB>0$ であるから　$AB=\sqrt{10}$

よって

$$\sin A=\frac{3}{\sqrt{10}},\ \cos A=\frac{1}{\sqrt{10}},\ \tan A=\frac{3}{1}=3$$

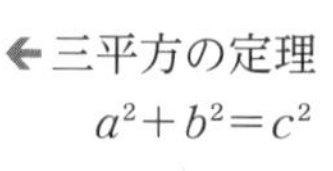

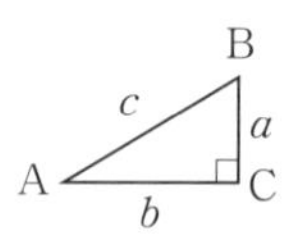

←∠A が左下，直角が右下にくるように図をかきなおす。

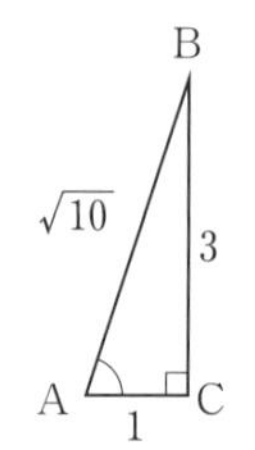

◆三角比の値

91a　次の直角三角形 ABC において，$\sin A$，$\cos A$，$\tan A$ の値を求めよ。

(1)

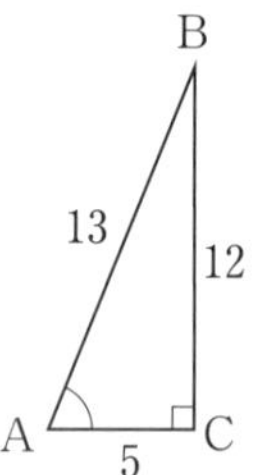

(2)

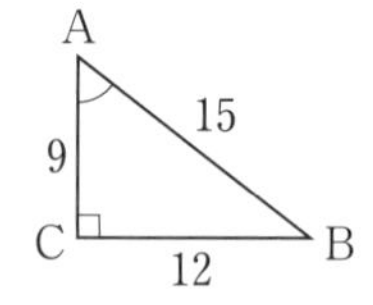

91b　次の直角三角形 ABC において，$\sin A$，$\cos A$，$\tan A$ の値を求めよ。

(1)

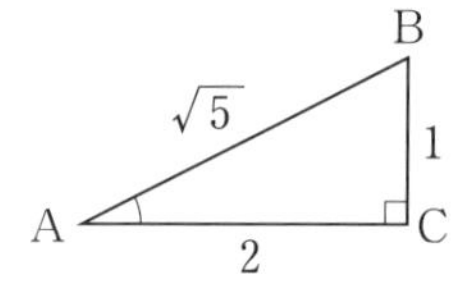

(2)

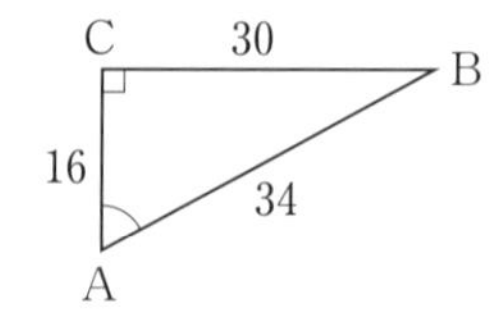

三角比

∠C＝90° の直角三角形 ABC において

$$\sin A=\frac{a}{c},\quad \cos A=\frac{b}{c},\quad \tan A=\frac{a}{b}$$

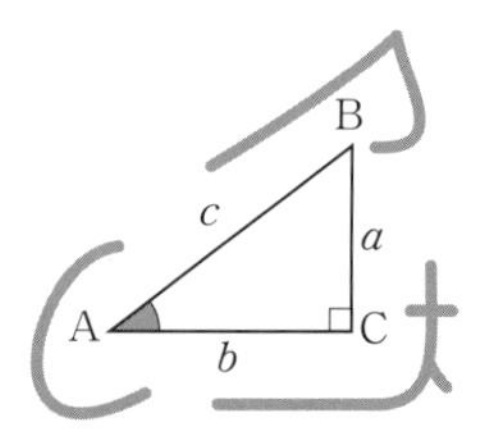

◆三角比の値（三平方の定理の利用）

92a 次の直角三角形 ABC において，$\sin A$，$\cos A$，$\tan A$ の値を求めよ。

(1)

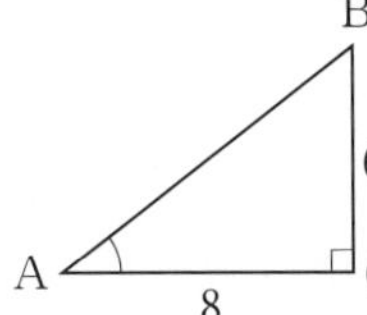

(2)

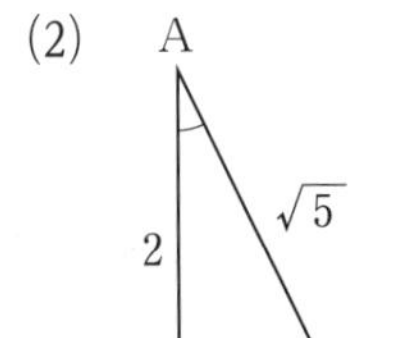

(3)

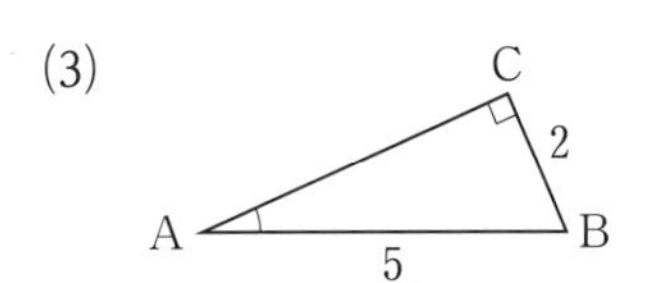

92b 次の直角三角形 ABC において，$\sin A$，$\cos A$，$\tan A$ の値を求めよ。

(1)

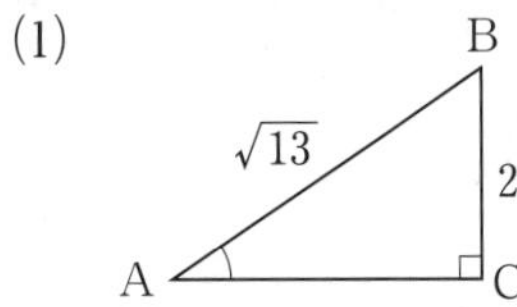

(2)

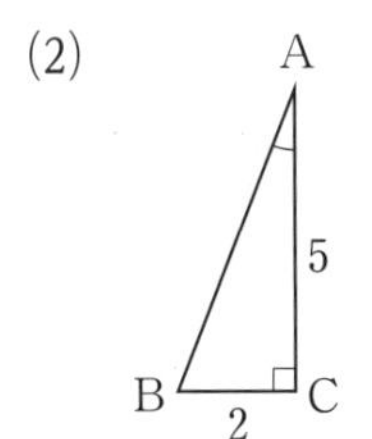

(3)

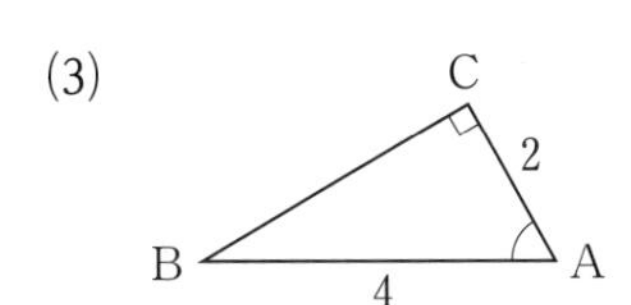

例 32 三角比の表

三角比の表を用いて，右の図の直角三角形 ABC における ∠A の大きさを求めよ。

解 図から　$\sin A=\dfrac{3}{4}=0.75$

三角比の表から，$\sin A$ の値が0.75に最も近い値は0.7547であるから

$A \fallingdotseq 49°$　← ≒は，a と b がほぼ等しいことを表す。

A	$\sin A$
48°	0.7431
49°	0.7547
50°	0.7660

← 等しい値がないときは，最も近い値をさがす。

◆30°，45°，60° の三角比

93a 次の図の直角三角形について，辺の長さを□に書き入れよ。また，sin 30°，sin 60°，sin 45° の値を求めよ。

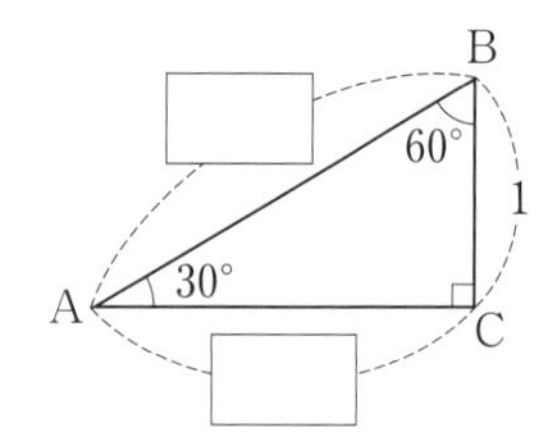

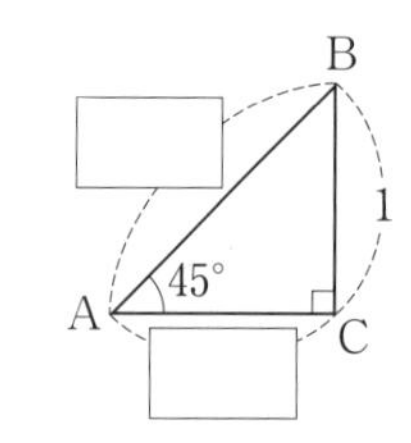

93b 93a の図を用いて 30°，45°，60° の三角比の値を求め，次の表を完成せよ。

A	30°	45°	60°
$\sin A$			
$\cos A$			
$\tan A$			

◆三角比の表

94a 三角比の表を用いて，次の三角比の値を答えよ。

(1) sin 33°

(2) cos 8°

(3) tan 72°

94b 三角比の表を用いて，次の三角比の値を答えよ。

(1) sin 50°

(2) cos 81°

(3) tan 15°

◆三角比の表

95a Aが鋭角のとき，三角比の表を用いて，次のようなAを求めよ。

(1) $\sin A=0.1736$

(2) $\cos A=0.4848$

(3) $\tan A=19.0811$

95b Aが鋭角のとき，三角比の表を用いて，次のようなAを求めよ。

(1) $\sin A=0.9945$

(2) $\cos A=0.9945$

(3) $\tan A=0.9657$

◆三角比の表

96a 三角比の表を用いて，次の図の直角三角形 ABC における ∠A の大きさを求めよ。

(1)

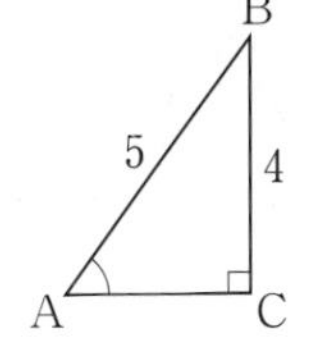

(2)

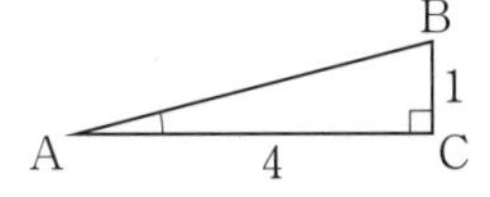

96b 三角比の表を用いて，次の図の直角三角形 ABC における ∠A の大きさを求めよ。

(1)

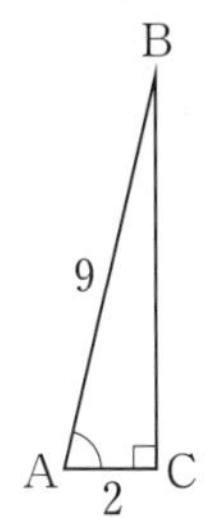

(2)

C 10 B
4
A

33 三角比の利用

例 33 直角三角形の辺の長さ

右の図の直角三角形 ABC において，BC と AC の長さを求めよ。

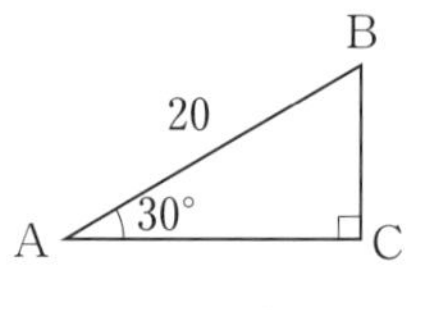

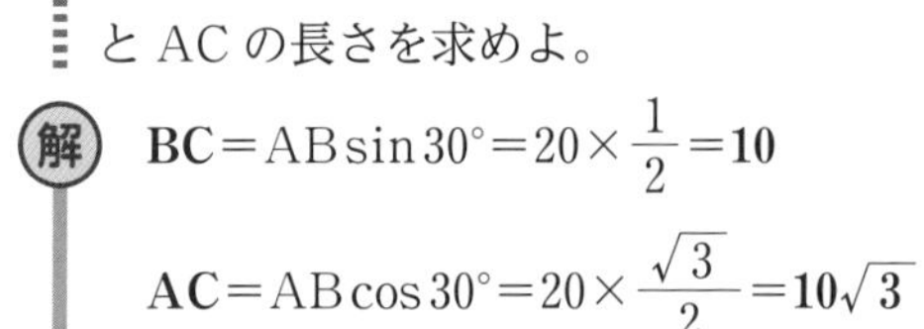

解　$\mathbf{BC}=\mathrm{AB}\sin 30°=20\times\dfrac{1}{2}=\mathbf{10}$　　←$\sin 30°=\dfrac{\mathrm{BC}}{\mathrm{AB}}$

$\mathbf{AC}=\mathrm{AB}\cos 30°=20\times\dfrac{\sqrt{3}}{2}=\mathbf{10\sqrt{3}}$　　←$\cos 30°=\dfrac{\mathrm{AC}}{\mathrm{AB}}$

◆**直角三角形の辺の長さ**

97a 次の直角三角形 ABC において，BC と AC の長さを求めよ。

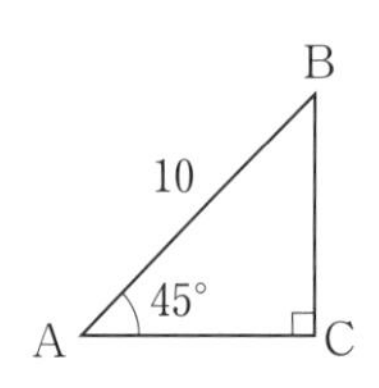

97b 次の直角三角形 ABC において，BC と AC の長さを求めよ。

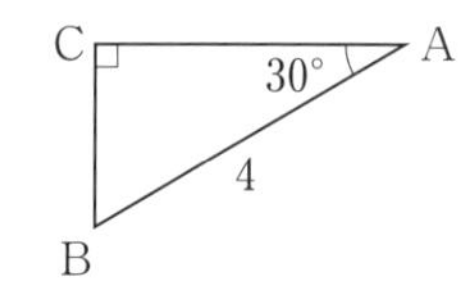

◆**直角三角形の辺の長さ**

98a 次の直角三角形 ABC において，BC の長さを求めよ。

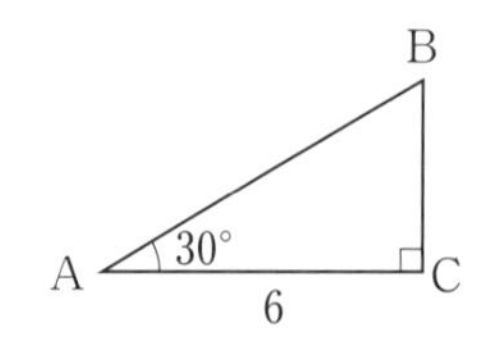

98b 次の直角三角形 ABC において，BC の長さを求めよ。

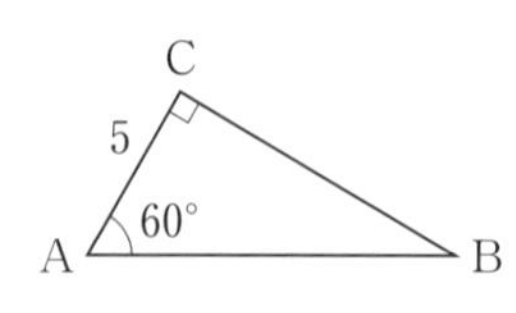

$a=c\sin A$，$b=c\cos A$，$a=b\tan A$

B　c　a　A　A　b　C

◆ サイン・コサインの利用（巻末の三角比の表を利用する）

99a 下の図のように，山のふもとの地点Aと山頂Bを結ぶケーブルカーがある。
2 地点間の距離は 1000 m，傾斜角は 20° であった。2 地点間の標高差 BC と水平距離 AC はそれぞれ何 m か。小数第 1 位を四捨五入して求めよ。

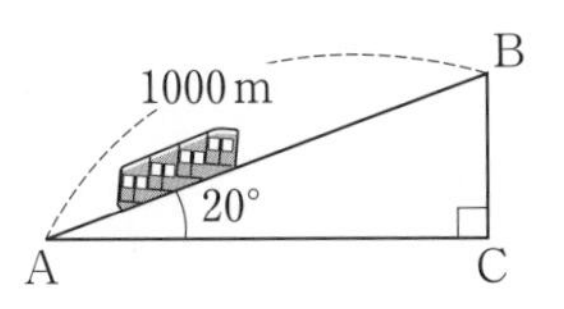

99b 下の図のように，たこあげをしていて，糸の長さ AB が 10 m になったとき，あがった角度 ∠BAC は 27° であった。
たこの高さ BC と立っている地点からたこの真下までの距離 AC はそれぞれ何 m か。小数第 2 位を四捨五入して求めよ。

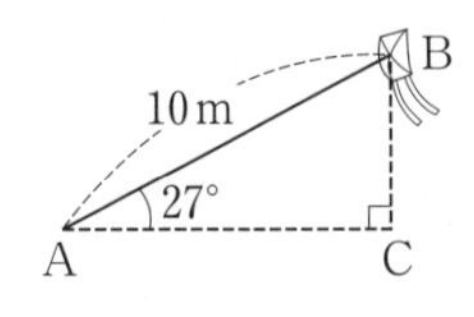

◆ タンジェントの利用（巻末の三角比の表を利用する）

100a 下の図のように，立木 BC の根元Cから 10 m 離れた地点Aにおいて，∠BAC＝40° であった。立木 BC の高さは何 m か。小数第 2 位を四捨五入して求めよ。

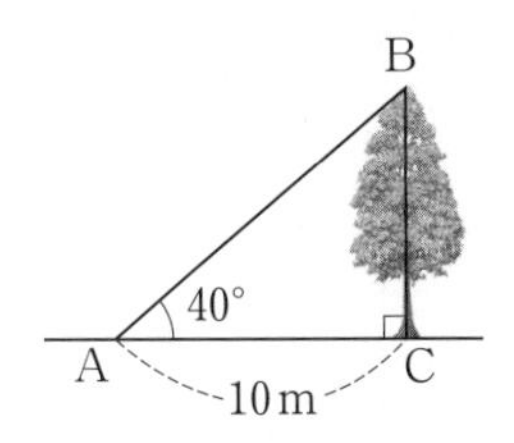

100b 下の図のように，地点Aから水平に 100 m 離れた地点Cにある塔の高さBCを測りたい。∠BAC＝36° であるとき，塔の高さは何 m か。小数第 1 位を四捨五入して求めよ。

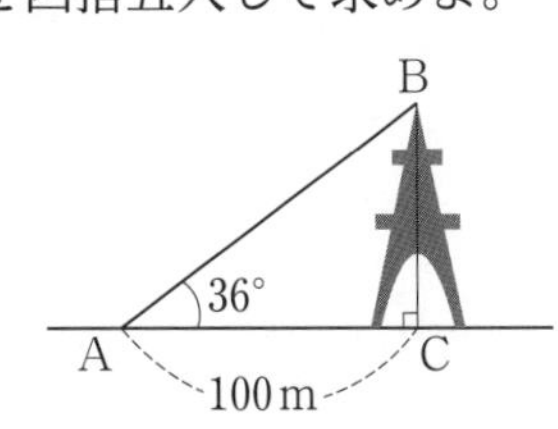

34 鋭角の三角比の相互関係

例 34 三角比の相互関係

$\sin A=\dfrac{12}{13}$ のとき，$\cos A$ と $\tan A$ の値を求めよ。
ただし，A は鋭角とする。

ポイント！

$\sin A$
⇓ $\sin^2 A+\cos^2 A=1$ を利用
$\cos A$
⇓ $\tan A=\dfrac{\sin A}{\cos A}$ を利用
$\tan A$

解 $\sin^2 A+\cos^2 A=1$ から　　$\cos^2 A=1-\sin^2 A$

$\sin A=\dfrac{12}{13}$ を代入して

$$\cos^2 A=1-\sin^2 A=1-\left(\frac{12}{13}\right)^2=\frac{25}{169}$$

← $1-\left(\dfrac{12}{13}\right)^2=1-\dfrac{144}{169}=\dfrac{25}{169}$

$\cos A>0$ であるから　$\cos A=\sqrt{\dfrac{25}{169}}=\dfrac{5}{13}$

また　$\tan A=\dfrac{\sin A}{\cos A}=\dfrac{12}{13}\div\dfrac{5}{13}=\dfrac{12}{13}\times\dfrac{13}{5}=\dfrac{12}{5}$

答 $\cos A=\dfrac{5}{13}$，$\tan A=\dfrac{12}{5}$

別解 $\sin A=\dfrac{12}{13}$ より，AB=13，BC=12，
∠C=90° の直角三角形 ABC をかく。
三平方の定理により　$12^2+AC^2=13^2$
よって　$AC=\sqrt{13^2-12^2}=5$
したがって　$\cos A=\dfrac{5}{13}$，$\tan A=\dfrac{12}{5}$

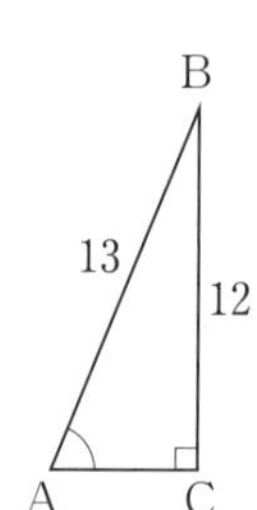

◆三角比の相互関係

101a $\sin A=\dfrac{3}{5}$ のとき，$\cos A$ と $\tan A$ の値を求めよ。ただし，A は鋭角とする。

101b $\cos A=\dfrac{2}{3}$ のとき，$\sin A$ と $\tan A$ の値を求めよ。ただし，A は鋭角とする。

(1) 三角比の相互関係

① $\tan A=\dfrac{\sin A}{\cos A}$　② $\sin^2 A+\cos^2 A=1$　③ $1+\tan^2 A=\dfrac{1}{\cos^2 A}$

(2) $90°-A$ の三角比

① $\sin(90°-A)=\cos A$　② $\cos(90°-A)=\sin A$　③ $\tan(90°-A)=\dfrac{1}{\tan A}$

◆三角比の相互関係

102a $\tan A=4$ のとき，$\sin A$ と $\cos A$ の値を求めよ。ただし，A は鋭角とする。

102b $\tan A=\dfrac{1}{2}$ のとき，$\sin A$ と $\cos A$ の値を求めよ。ただし，A は鋭角とする。

◆$90^\circ-A$ の三角比

103a 次の三角比を 45° より小さい鋭角の三角比で表せ。

(1) $\sin 85^\circ$

(2) $\cos 70^\circ$

(3) $\tan 75^\circ$

103b 次の三角比を 45° より小さい鋭角の三角比で表せ。

(1) $\sin 50^\circ$

(2) $\cos 55^\circ$

(3) $\tan 80^\circ$

35 三角比の拡張(1)

 35 三角比の相互関係

$\cos\theta=-\dfrac{3}{4}$ のとき，$\sin\theta$ と $\tan\theta$ の値を求めよ。

ただし，$0°\leqq\theta\leqq180°$ とする。

ポイント!

$\cos\theta$
⇓ $\sin^2\theta+\cos^2\theta=1$ を利用
$\sin\theta$
⇓ $\tan\theta=\dfrac{\sin\theta}{\cos\theta}$ を利用
$\tan\theta$

解 $\sin^2\theta+\cos^2\theta=1$ から　　$\sin^2\theta=1-\cos^2\theta$

$\cos\theta=-\dfrac{3}{4}$ より

$$\sin^2\theta=1-\cos^2\theta=1-\left(-\frac{3}{4}\right)^2=\frac{7}{16}$$

← $1-\left(-\dfrac{3}{4}\right)^2=1-\dfrac{9}{16}=\dfrac{7}{16}$

$0°\leqq\theta\leqq180°$ のとき，$\sin\theta\geqq0$ であるから　$\sin\theta=\sqrt{\dfrac{7}{16}}=\dfrac{\sqrt{7}}{4}$

また　$\tan\theta=\dfrac{\sin\theta}{\cos\theta}=\dfrac{\sqrt{7}}{4}\div\left(-\dfrac{3}{4}\right)=\dfrac{\sqrt{7}}{4}\times\left(-\dfrac{4}{3}\right)=-\dfrac{\sqrt{7}}{3}$

答 $\sin\theta=\dfrac{\sqrt{7}}{4}$，$\tan\theta=-\dfrac{\sqrt{7}}{3}$

◆三角比の値

104a 次の表の空欄に三角比の値を入れ，表を完成せよ。

θ	0°	30°	45°	60°	90°	120°	135°	150°	180°
$\sin\theta$									
$\cos\theta$									
$\tan\theta$					/				

104b 次の表の空欄に 0，1，−1，+，−のいずれかを入れ，表を完成せよ。

θ	0°	鋭角	90°	鈍角	180°
$\sin\theta$					
$\cos\theta$					
$\tan\theta$			/		

基本事項

(1) 三角比の値の符号
　θが鋭角のとき　$\sin\theta>0$,　$\cos\theta>0$,　$\tan\theta>0$
　θが鈍角のとき　$\sin\theta>0$,　$\cos\theta<0$,　$\tan\theta<0$

(2) $180°-\theta$ の三角比
　① $\sin(180°-\theta)=\sin\theta$　② $\cos(180°-\theta)=-\cos\theta$　③ $\tan(180°-\theta)=-\tan\theta$

(3) 三角比の相互関係 ($0°\leqq\theta\leqq180°$)
　① $\tan\theta=\dfrac{\sin\theta}{\cos\theta}$　② $\sin^2\theta+\cos^2\theta=1$　③ $1+\tan^2\theta=\dfrac{1}{\cos^2\theta}$

◆ $180°-\theta$ の三角比

105a 巻末の三角比の表を用いて，次の三角比の値を求めよ。

(1) $\sin 145°$

(2) $\cos 160°$

(3) $\tan 110°$

105b 巻末の三角比の表を用いて，次の三角比の値を求めよ。

(1) $\sin 105°$

(2) $\cos 155°$

(3) $\tan 170°$

◆三角比の相互関係

106a $\cos\theta=-\dfrac{1}{4}$ のとき，$\sin\theta$ と $\tan\theta$ の値を求めよ。ただし，$0°\leqq\theta\leqq 180°$ とする。

106b $\sin\theta=\dfrac{1}{3}$ のとき，$\cos\theta$ と $\tan\theta$ の値を求めよ。ただし，$90°\leqq\theta\leqq 180°$ とする。

36 三角比の拡張(2)

例 36 与えられた三角比を満たす角

0°≦θ≦180° のとき，次の等式を満たす θ を求めよ。

(1) $\sin\theta=\dfrac{1}{2}$　　(2) $\cos\theta=-\dfrac{1}{\sqrt{2}}$　　(3) $\tan\theta=-\sqrt{3}$

解

(1) 求める角 θ は，次の図の∠AOP と∠AOQ である。

よって　**$\theta=30°$，$150°$**

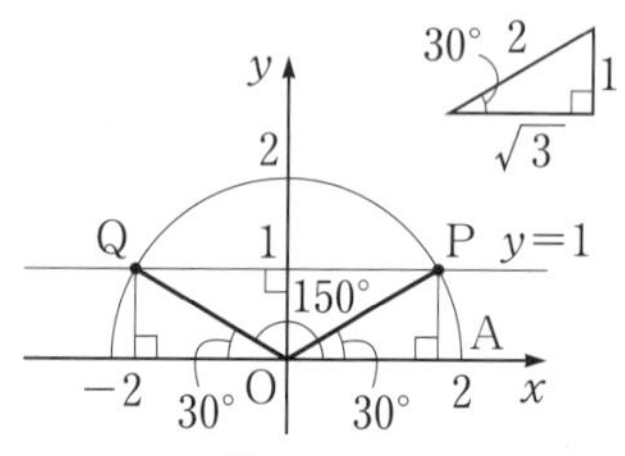

↑ $\sin\theta=\dfrac{y}{r}$ であるから，$r=2$，$y=1$ と考える。

(2) 求める角 θ は，次の図の∠AOP である。

よって　**$\theta=135°$**

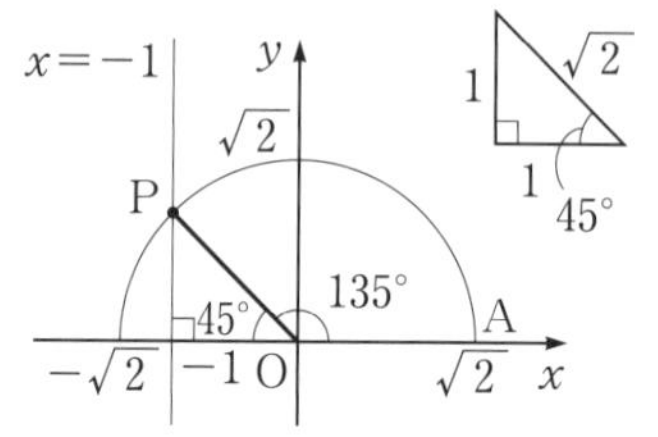

↑ $\cos\theta=\dfrac{x}{r}$ であるから，

$-\dfrac{1}{\sqrt{2}}=\dfrac{-1}{\sqrt{2}}$ とみて

$r=\sqrt{2}$，$x=-1$ と考える。

(3) 求める角 θ は，次の図の∠AOP である。

よって　**$\theta=120°$**

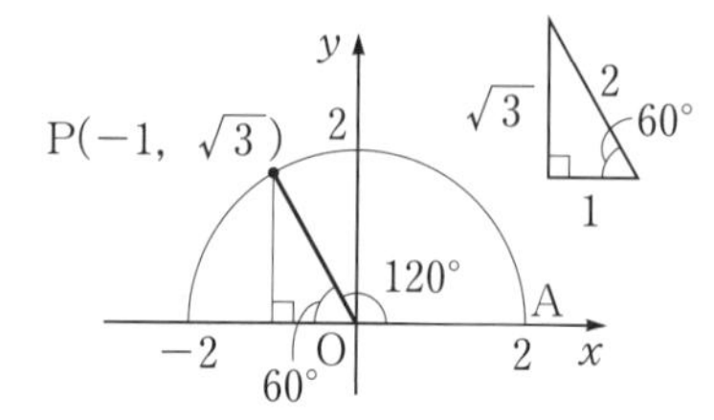

↑ $\tan\theta=\dfrac{y}{x}$ であるから，

$x=-1$，$y=\sqrt{3}$

となる点をPとする。

◆サイン の値を満たす角

107a 0°≦θ≦180° のとき，次の等式を満たす θ を求めよ。

(1) $\sin\theta=\dfrac{\sqrt{3}}{2}$

(2) $\sin\theta=0$

107b 0°≦θ≦180° のとき，次の等式を満たす θ を求めよ。

(1) $\sin\theta=\dfrac{1}{\sqrt{2}}$

(2) $\sin\theta=1$

◆コサインの値を満たす角

108a $0^\circ \leqq \theta \leqq 180^\circ$ のとき，次の等式を満たす θ を求めよ。

(1) $\cos\theta = \dfrac{1}{\sqrt{2}}$

(2) $\cos\theta = -\dfrac{1}{2}$

108b $0^\circ \leqq \theta \leqq 180^\circ$ のとき，次の等式を満たす θ を求めよ。

(1) $\cos\theta = -\dfrac{\sqrt{3}}{2}$

(2) $\cos\theta = -1$

◆タンジェントの値を満たす角

109a $0^\circ \leqq \theta \leqq 180^\circ$ のとき，次の等式を満たす θ を求めよ。

(1) $\tan\theta = \dfrac{1}{\sqrt{3}}$

(2) $\tan\theta = -\dfrac{1}{\sqrt{3}}$

109b $0^\circ \leqq \theta \leqq 180^\circ$ のとき，次の等式を満たす θ を求めよ。

(1) $\tan\theta = \sqrt{3}$

(2) $\tan\theta = -1$

 正弦定理(辺の長さ)

△ABC において，$a=4$，$A=30°$，$C=45°$ であるとき，c を求めよ。

ポイント

与えられた条件を正弦定理に代入し，求める値について解く。

解 正弦定理により

$$\frac{4}{\sin 30°}=\frac{c}{\sin 45°}$$

よって $c=\dfrac{4}{\sin 30°}\times\sin 45°$

$=4\div\dfrac{1}{2}\times\dfrac{1}{\sqrt{2}}=4\sqrt{2}$

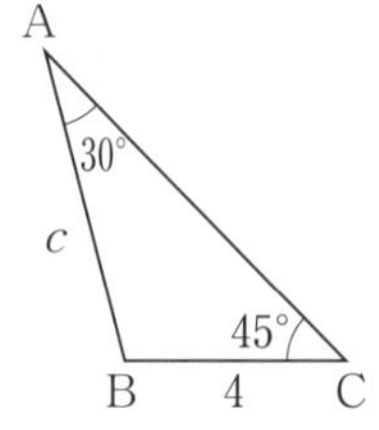

◆正弦定理(外接円の半径)

110a 次の △ABC の外接円の半径 R を求めよ。

(1) $a=5$，$A=30°$

(2) $b=\sqrt{3}$，$B=120°$

110b 次の △ABC の外接円の半径 R を求めよ。

(1) $b=3$，$B=60°$

(2) $c=\sqrt{2}$，$C=135°$

正弦定理

△ABC の外接円の半径を R とすると

$$\frac{a}{\sin A}=\frac{b}{\sin B}=\frac{c}{\sin C}=2R$$

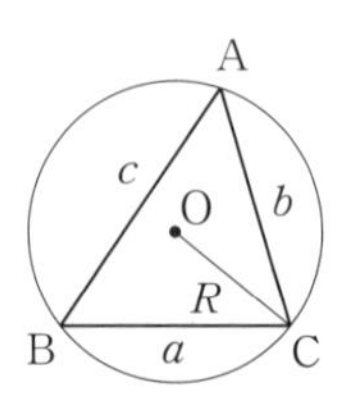

◆ 正弦定理(辺の長さ)

111a △ABCにおいて，次の問いに答えよ。

(1) $b=2$, $A=30°$, $B=45°$ であるとき，a を求めよ。

(2) $b=4$, $B=45°$, $C=60°$ であるとき，c を求めよ。

(3) $c=\sqrt{2}$, $B=45°$, $C=120°$ であるとき，b を求めよ。

111b △ABCにおいて，次の問いに答えよ。

(1) $b=\sqrt{2}$, $B=30°$, $C=45°$ であるとき，c を求めよ。

(2) $a=6$, $A=60°$, $C=45°$ であるとき，c を求めよ。

(3) $c=\sqrt{3}$, $A=30°$, $C=135°$ であるとき，a を求めよ。

例 38 余弦定理(辺の長さ)

△ABC において，$b=7$，$c=4$，$A=60^\circ$ であるとき，a を求めよ。

ポイント！
与えられた条件を余弦定理に代入する。

解 余弦定理により

$$a^2=b^2+c^2-2bc\cos A$$
$$=7^2+4^2-2\cdot7\cdot4\cos 60^\circ$$
$$=49+16-2\cdot7\cdot4\cdot\frac{1}{2}=37$$

$a>0$ であるから　$\boldsymbol{a=\sqrt{37}}$

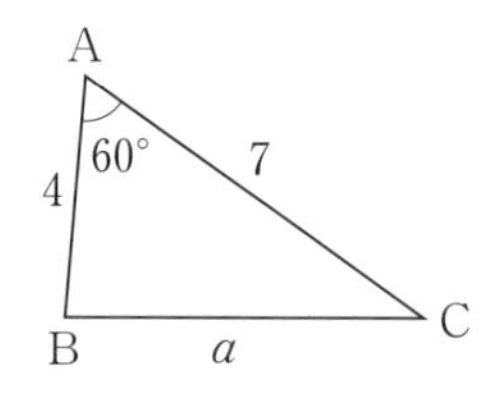

◆ 余弦定理(辺の長さ)

112a △ABC において，次の問いに答えよ。

(1) $b=2\sqrt{3}$，$c=6$，$A=30^\circ$ であるとき，a を求めよ。

(2) $a=\sqrt{2}$，$c=3$，$B=135^\circ$ であるとき，b を求めよ。

112b △ABC において，次の問いに答えよ。

(1) $a=5$，$c=2\sqrt{2}$，$B=45^\circ$ であるとき，b を求めよ。

(2) $a=2$，$b=3$，$C=120^\circ$ であるとき，c を求めよ。

余弦定理

△ABC において

$a^2=b^2+c^2-2bc\cos A$　　$b^2=c^2+a^2-2ca\cos B$　　$c^2=a^2+b^2-2ab\cos C$

$\cos A=\dfrac{b^2+c^2-a^2}{2bc}$　　$\cos B=\dfrac{c^2+a^2-b^2}{2ca}$　　$\cos C=\dfrac{a^2+b^2-c^2}{2ab}$

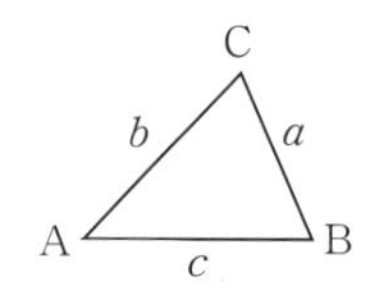

◆余弦定理(角の大きさ)

113a △ABCにおいて，次の問いに答えよ。

(1) $a=7$，$b=3$，$c=8$ であるとき，Aを求めよ。

(2) $a=\sqrt{3}$，$b=1$，$c=1$ であるとき，Bを求めよ。

(3) $a=1$，$b=\sqrt{3}$，$c=\sqrt{7}$ であるとき，Cを求めよ。

113b △ABCにおいて，次の問いに答えよ。

(1) $a=7$，$b=3$，$c=5$ であるとき，Aを求めよ。

(2) $a=\sqrt{2}$，$b=\sqrt{5}$，$c=3$ であるとき，Bを求めよ。

(3) $a=\sqrt{2}$，$b=1$，$c=\sqrt{5}$ であるとき，Cを求めよ。

39 三角形の面積

例39 3辺の長さが与えられたときの三角形の面積

△ABC において，$a=3$，$b=7$，$c=8$ であるとき，次のものを求めよ。

(1) $\cos B$ の値　(2) $\sin B$ の値　(3) △ABC の面積 S

$a=3$，$b=7$，$c=8$

⇓ $\cos B=\dfrac{c^2+a^2-b^2}{2ca}$ を利用

$\cos B$

⇓ $\sin^2 A+\cos^2 B=1$ を利用

$\sin B$

⇓ $S=\dfrac{1}{2}ca\sin B$ を利用

S

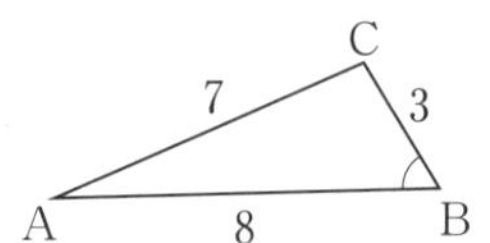

解 (1) 余弦定理により　$\cos B=\dfrac{8^2+3^2-7^2}{2\cdot 8\cdot 3}=\mathbf{\dfrac{1}{2}}$

(2) $\sin^2 B+\cos^2 B=1$ より　$\sin^2 B=1-\cos^2 B$

$\cos B=\dfrac{1}{2}$ より　$\sin^2 B=1-\left(\dfrac{1}{2}\right)^2=\dfrac{3}{4}$

$\sin B>0$ であるから　$\sin B=\sqrt{\dfrac{3}{4}}=\mathbf{\dfrac{\sqrt{3}}{2}}$

(3) $S=\dfrac{1}{2}ca\sin B=\dfrac{1}{2}\cdot 8\cdot 3\cdot\dfrac{\sqrt{3}}{2}=\mathbf{6\sqrt{3}}$

◆三角形の面積

114a 次の △ABC の面積 S を求めよ。

(1) $b=2$，$c=5$，$A=60°$

(2) $a=3$，$c=1$，$B=30°$

(3) $a=4$，$b=5$，$C=135°$

114b 次の △ABC の面積 S を求めよ。

(1) $b=3$，$c=4$，$A=150°$

(2) $a=2$，$c=6$，$B=120°$

(3) $a=1$，$b=\sqrt{2}$，$C=45°$

基本事項

三角形の面積

△ABC の面積を S とすると

$S=\dfrac{1}{2}bc\sin A$　　$S=\dfrac{1}{2}ca\sin B$　　$S=\dfrac{1}{2}ab\sin C$

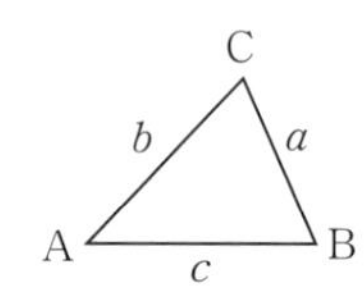

◆ 3辺の長さが与えられたときの三角形の面積

115a △ABC において，$a=2$，$b=3$，$c=4$ であるとき，次のものを求めよ。

(1) $\cos A$ の値

(2) $\sin A$ の値

(3) △ABC の面積 S

115b △ABC において，$a=6$，$b=7$，$c=8$ であるとき，次のものを求めよ。

(1) $\cos C$ の値

(2) $\sin C$ の値

(3) △ABC の面積 S

40 集合

例 40 共通部分と和集合，全体集合と補集合

全体集合を $U=\{x \mid x$ は 24 の正の約数$\}$ とする。

$A=\{2,\ 3,\ 6\}$，　$B=\{2,\ 6,\ 12,\ 24\}$

について，次の集合を求めよ。

(1) $A\cap B$　(2) $A\cup B$　(3) $\overline{A}$　(4) $\overline{A\cup B}$

(3) Uの要素であって，Aの要素でないものをさがす。
(4) (2)を利用する。

(1) $A\cap B=\{\mathbf{2,\ 6}\}$

(2) $A\cup B=\{\mathbf{2,\ 3,\ 6,\ 12,\ 24}\}$

(3) $U=\{1,\ 2,\ 3,\ 4,\ 6,\ 8,\ 12,\ 24\}$ であるから
$\overline{A}=\{\mathbf{1,\ 4,\ 8,\ 12,\ 24}\}$

(4) (2)から　$\overline{A\cup B}=\{\mathbf{1,\ 4,\ 8}\}$

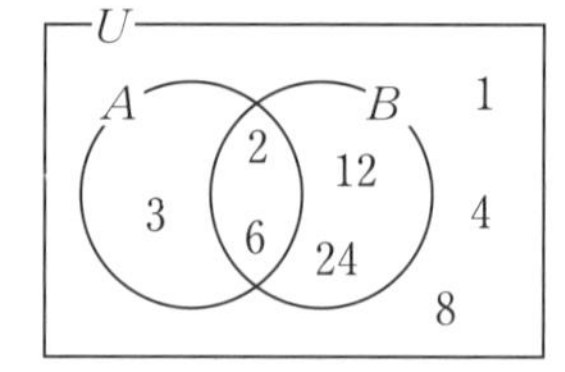

◆集合の表し方

116a 次の集合を，要素を書き並べる方法で表せ。

(1) 1 桁の正の奇数の集合A

(2) $B=\{x \mid x$ は30以下の自然数で 4 の倍数$\}$

116b 次の集合を，要素を書き並べる方法で表せ。

(1) 28の正の約数の集合A

(2) $B=\{x \mid x$ は $x^2=9$ を満たす数$\}$

◆部分集合

117a 集合 $A=\{1,\ 2,\ 3,\ 5,\ 6,\ 10,\ 15,\ 30\}$ の部分集合を次の集合からすべて選び，記号$\subset$を用いて表せ。

$P=\{5,\ 10\}$，
$Q=\{1,\ 3,\ 6,\ 15\}$，
$R=\{3,\ 6,\ 9,\ 15,\ 30\}$

117b 集合 $A=\{x \mid x$ は24の正の約数$\}$ の部分集合を次の集合からすべて選び，記号$\subset$を用いて表せ。

$P=\{1,\ 2,\ 3,\ 4,\ 5\}$，
$Q=\{x \mid x$ は12の正の約数$\}$，
$R=\{x \mid x$ は10以上20以下の 4 の倍数$\}$

基本事項 集合

① 集合を表すには，次の 2 つの方法がある。
(ア) { }の中に要素を書き並べる。　(イ) { }の中に要素の満たす条件を書く。

② 集合Aの要素がすべて集合Bの要素になっているとき，AはBの部分集合であるといい，$A\subset B$ で表す。

③ 集合AとBの両方に属する要素の集合をAとBの共通部分といい，$A\cap B$ で表す。

④ 集合AとBの少なくとも一方に属する要素の集合をAとBの和集合といい，$A\cup B$ で表す。

⑤ 1 つの集合Uを考え，その部分集合をAとするとき，Uの要素であってAの要素でないものの集合をAの補集合といい，$\overline{A}$で表す。最初に考えた集合Uを全体集合という。

検印

◆共通部分と和集合

118a 次の集合 A, B について，$A\cap B$ と $A\cup B$ を求めよ。

(1) $A=\{2,\ 4,\ 6\}$,
$B=\{1,\ 2,\ 3,\ 4,\ 5\}$

(2) $A=\{x\,|\,x$ は1桁の正の偶数$\}$,
$B=\{x\,|\,x$ は12の正の約数$\}$

118b 次の集合 A, B について，$A\cap B$ と $A\cup B$ を求めよ。

(1) $A=\{1,\ 5,\ 9\}$,
$B=\{3,\ 6,\ 7,\ 12,\ 15\}$

(2) $A=\{x\,|\,x$ は20の正の約数$\}$,
$B=\{x\,|\,x$ は30の正の約数$\}$

◆全体集合と補集合

119a 全体集合を
$U=\{1,\ 3,\ 4,\ 5,\ 6,\ 7,\ 9,\ 10\}$ とする。
$A=\{1,\ 4,\ 7,\ 10\}$,
$B=\{3,\ 4,\ 10\}$
について，次の集合を求めよ。

(1) $\overline{A}$

(2) $\overline{B}$

(3) $\overline{A\cup B}$

119b 全体集合
$U=\{x\,|\,x$ は15以下の自然数$\}$ の部分集合
$A=\{x\,|\,x$ は正の偶数$\}$,
$B=\{x\,|\,x$ は3の正の倍数$\}$
について，次の集合を求めよ。

(1) $\overline{A}$

(2) $\overline{B}$

(3) $\overline{A\cap B}$

41 命題

例 41 命題の真偽

x は実数，n は自然数とする。次の命題の真偽を調べよ。偽であるものは反例を示せ。

(1) $x=-3 \Longrightarrow x^2=9$　　(2) $x>-1 \Longrightarrow x>-2$

(3) n が16の正の約数ならば，n は 4 の正の約数である。

ポイント

条件が不等式で表されているときは，条件を満たす集合の関係を調べるとよい。

解 (1) $x=-3$ ならば，$x^2=(-3)^2=9$ であるから，**真**である。

(2) $P=\{x \mid x>-1\}$，$Q=\{x \mid x>-2\}$

とすると，$P \subset Q$ であるから，**真**である。

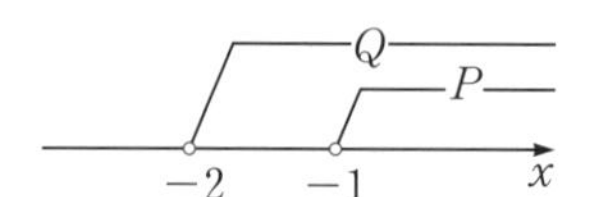

(3) **偽**である。**反例は $n=8$**

◆命題の真偽

120a x は実数とする。次の命題の真偽を調べよ。偽であるものは反例を示せ。

(1) $x=-2 \Longrightarrow x^2=4$

(2) $x^2-6x=0 \Longrightarrow x=6$

(3) $x^2>0 \Longrightarrow x>0$

120b x，a，b は実数とする。次の命題の真偽を調べよ。偽であるものは反例を示せ。

(1) $x^2=4 \Longrightarrow x=-2$

(2) $x^2-2x+1=0 \Longrightarrow x=1$

(3) $a^2>b^2 \Longrightarrow a>b$

基本事項 命題と集合

条件 p，q を満たすものの集合をそれぞれ P，Qとすると，次の①と②は同じことである。

① 命題「$p \Longrightarrow q$」が真である。　　② $P \subset Q$ が成り立つ。

◆命題の真偽

121a x は実数，n は自然数とする。次の命題の真偽を，集合の関係を利用して調べよ。偽である命題については反例を示せ。

(1) $x>2 \Longrightarrow x>4$

(2) $x \leqq -2 \Longrightarrow x \leqq 0$

(3) n が12の正の約数ならば，n は36の正の約数である。

121b x は実数，n は自然数とする。次の命題の真偽を，集合の関係を利用して調べよ。偽である命題については反例を示せ。

(1) $x<3 \Longrightarrow x<0$

(2) $x \geqq -3 \Longrightarrow x \geqq -6$

(3) n が20の正の約数ならば，n は30の正の約数である。

42 必要条件・十分条件

例 42 必要条件・十分条件

x は実数とする。次の□に，十分，必要，必要十分のうち，最も適切なものを入れよ。

(1) $x=1$ は，$x^2=x$ であるための□条件である。

(2) $x>0$ は，$x>3$ であるための□条件である。

(3) $x^2=4$ は，$x=\pm2$ であるための□条件である。

ポイント

$p \Longrightarrow q$ の形に書きなおし，「$p \Longrightarrow q$」，「$q \Longrightarrow p$」の真偽を調べる。

解

(1) 「$x=1 \Longrightarrow x^2=x$」は真である。

「$x^2=x \Longrightarrow x=1$」は偽である。反例は $x=0$

← $x^2=x$ から　$x(x-1)=0$
よって　$x=0,\ 1$

よって，$x=1$ は，$x^2=x$ であるための **十分** 条件である。

(2) 「$x>0 \Longrightarrow x>3$」は偽である。反例は $x=1$

「$x>3 \Longrightarrow x>0$」は真である。

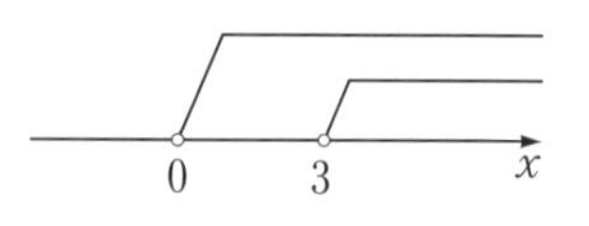

よって，$x>0$ は，$x>3$ であるための **必要** 条件である。

(3) 「$x^2=4 \Longrightarrow x=\pm2$」，「$x=\pm2 \Longrightarrow x^2=4$」はともに真である。

よって，$x^2=4$ は，$x=\pm2$ であるための **必要十分** 条件である。

◆ 必要条件・十分条件

122a x は実数とする。

次の□に，十分，必要のいずれかを入れよ。

$x=5$ は，$x^2=25$ であるための

ア□条件である。

$x^2=25$ は，$x=5$ であるための

イ□条件である。

122b x は実数とする。

次の□に，十分，必要のいずれかを入れよ。

$x<3$ は，$x<1$ であるための

ア□条件である。

$x<1$ は，$x<3$ であるための

イ□条件である。

基本事項

必要条件・十分条件

① 命題「$p \Longrightarrow q$」が真であるとき，
　p は，q であるための**十分条件**である。
　q は，p であるための**必要条件**である。

② 命題「$p \Longrightarrow q$」，「$q \Longrightarrow p$」がともに真であるとき，
　p は，q であるための**必要十分条件**である。

「$p \Longrightarrow q$」が真のとき

p	$\Longrightarrow$	q
十分条件		必要条件

◆必要条件・十分条件

123a x, y, z は実数，n は自然数とする。次の□に，十分，必要，必要十分のうち，最も適切なものを入れよ。

(1) $x^2+3x+2=0$ は，$x=-1$ であるための □ 条件である。

(2) $x=y$ は，$x-z=y-z$ であるための □ 条件である。

(3) $x>0$ かつ $y<0$ は，$xy<0$ であるための □ 条件である。

(4) n が 8 の約数であることは，n が16の約数であるための □ 条件である。

123b x, y は実数，n は自然数とする。次の□に，十分，必要，必要十分のうち，最も適切なものを入れよ。

(1) $x=-2$ は，$x^2=4$ であるための □ 条件である。

(2) $x<-3$ は，$x<-5$ であるための □ 条件である。

(3) $xy=0$ は，$x=0$ または $y=0$ であるための □ 条件である。

(4) n が 4 の倍数であることは，n が 8 の倍数であるための □ 条件である。

43 否定，逆・裏・対偶

例43 否定，逆・裏・対偶

(1) x，y は実数とする。次の条件の否定を述べよ。

① $x=0$ または $y=0$　　② $x>-2$ かつ $y<2$

(2) x は実数とする。命題「$x \geqq 4 \Longrightarrow x \geqq 1$」の逆，裏，対偶を述べ，それらの真偽を調べよ。

ポイント！

(1) $=$の否定は$\neq$
$>$の否定は$\leqq$
$<$の否定は$\geqq$

(2) 偽のときは反例を示す。

解

(1) ① $\boldsymbol{x \neq 0}$ **かつ** $\boldsymbol{y \neq 0}$

② $\boldsymbol{x \leqq -2}$ **または** $\boldsymbol{y \geqq 2}$

←「$\overline{x=0 \text{ または } y=0}$」$\Longleftrightarrow$「$\overline{x=0}$ かつ $\overline{y=0}$」

(2) 逆は「$\boldsymbol{x \geqq 1 \Longrightarrow x \geqq 4}$」であり，これは偽である。

反例は $x=2$

裏は「$\boldsymbol{x<4 \Longrightarrow x<1}$」であり，これは偽である。

←$x \geqq 4$ の否定は $x<4$

反例は $x=2$

対偶は「$\boldsymbol{x<1 \Longrightarrow x<4}$」であり，これは真である。

◆条件の否定

124a x は実数とする。
次の条件の否定を述べよ。

(1) $x>7$

(2) $x \leqq -2$

(3) $x=-1$

124b x は実数とする。
次の条件の否定を述べよ。

(1) $x<-5$

(2) $x \geqq 0$

(3) $x \neq 3$

基本事項

(1) 「かつ」，「または」の否定

$\overline{p \text{ かつ } q} \Longleftrightarrow \overline{p}$ または $\overline{q}$　　$\overline{p \text{ または } q} \Longleftrightarrow \overline{p}$ かつ $\overline{q}$

(2) 逆・裏・対偶

命題「$p \Longrightarrow q$」に対して，
命題「$q \Longrightarrow p$」を逆，　命題「$\overline{p} \Longrightarrow \overline{q}$」を裏，　命題「$\overline{q} \Longrightarrow \overline{p}$」を対偶
という。

(3) 逆・裏・対偶の真偽

① 真である命題の逆や裏は，真であるとは限らない。

② 命題「$p \Longrightarrow q$」とその対偶「$\overline{q} \Longrightarrow \overline{p}$」の真偽は一致する。

◆「かつ」,「または」の否定

125a x, y は実数とする。
次の条件の否定を述べよ。
(1) $x \leqq 0$ かつ $y \leqq 0$

(2) $x > 1$ または $y > -2$

125b x, y は実数とする。
次の条件の否定を述べよ。
(1) $x = -2$ または $y = -5$

(2) $x \geqq -1$ かつ $y < 3$

◆逆・裏・対偶とその真偽

126a x は実数とする。
命題「$x > 3 \Longrightarrow x > 1$」の逆, 裏, 対偶を述べ, それらの真偽を調べよ。

126b x は実数とする。
命題「$x \leqq 4 \Longrightarrow x < 1$」の逆, 裏, 対偶を述べ, それらの真偽を調べよ。

44 証明法

例 44 いろいろな証明法

(1) n は自然数とする。次の命題を，対偶を利用して証明せよ。

$(n+1)^2$ が偶数ならば，n は奇数である。

(2) $\sqrt{3}$ が無理数であることを用いて，$\sqrt{3}-1$ が無理数であることを，背理法を利用して証明せよ。

(1) 対偶が真であることを示す。
(2) $\sqrt{3}-1$ が無理数でない，すなわち有理数であると仮定して矛盾を導く。

解 (1) この命題の対偶

「n が偶数ならば，$(n+1)^2$ は奇数である。」を証明する。

n が偶数ならば，n は自然数 k を用いて $n=2k$ と表すことができる。このとき

$(n+1)^2=(2k+1)^2=4k^2+4k+1=2(2k^2+2k)+1$

$2k^2+2k$ は自然数であるから，$(n+1)^2$ は奇数である。

対偶が真であるから，もとの命題も真である。

← n が奇数のときは，0 以上の整数 k を用いて，$n=2k+1$ と表すことができる。

(2) $\sqrt{3}-1$ が無理数でないと仮定すると，$\sqrt{3}-1$ は有理数であるから，有理数 a を用いて $\sqrt{3}-1=a$ と表すことができる。これを変形すると　$\sqrt{3}=a+1$

a は有理数であるから，右辺の $a+1$ は有理数である。

これは左辺の $\sqrt{3}$ が無理数であることに矛盾する。

したがって，$\sqrt{3}-1$ は無理数である。

← 実数は，有理数か無理数のどちらかである。

← (有理数)+(有理数)=(有理数)

◆ 対偶の利用

127a n は自然数とする。
次の命題を，対偶を利用して証明せよ。

n^3 が奇数ならば，n は奇数である。

127b n は自然数とする。
次の命題を，対偶を利用して証明せよ。

n^2-1 が奇数ならば，n は偶数である。

基本事項 背理法
ある命題が成り立つことを証明するために，その命題が成り立たないと仮定して推論を進め，矛盾を導く証明法を背理法という。

◆背理法

128a $\sqrt{2}$ が無理数であることを用いて，$\sqrt{2}+1$ が無理数であることを，背理法を利用して証明せよ。

128b $\sqrt{3}$ が無理数であることを用いて，$2\sqrt{3}$ が無理数であることを，背理法を利用して証明せよ。

45 データの整理，代表値

 45 度数分布表と平均値・最頻値

右の表は，男子20人の身長をまとめたものである。

(1) ヒストグラムをかけ。

(2) 身長の平均値と最頻値を求めよ。

階級(cm)	階級値 x(cm)	度数 f(人)	xf
158以上～162未満	160	1	160
162 ～166	164	3	492
166 ～170	168	5	840
170 ～174	172	2	344
174 ～178	176	6	1056
178 ～182	180	3	540
合 計		20	3432

解 (1) ヒストグラムは右の図のようになる。

(2) 表から，平均値は $\dfrac{3432}{20}=171.6$

度数が最も大きい階級は 174cm 以上 178cm 未満であるから，最頻値はその階級値の 176cm である。

答 平均値は 171.6cm，最頻値は 176cm

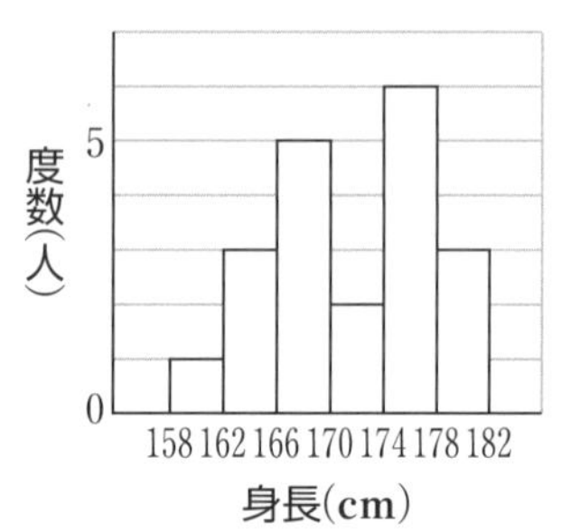

◆代表値

129a 7回のテストの得点は

2, 3, 4, 4, 4, 9, 9 (点)

であった。次の問いに答えよ。

(1) 平均値を求めよ。

(2) 最頻値を求めよ。

(3) 中央値を求めよ。

129b 8回のテストの得点は

2, 3, 4, 4, 6, 7, 7, 7 (点)

であった。次の問いに答えよ。

(1) 平均値を求めよ。

(2) 最頻値を求めよ。

(3) 中央値を求めよ。

基本事項

(1) 平均値 $\overline{x}$

① 変量 x の n 個のデータの値が x_1, x_2, …, x_n のとき $\overline{x}=\dfrac{\text{変量の値の合計}}{\text{変量の値の個数}}=\dfrac{x_1+x_2+\cdots+x_n}{n}$

② 度数分布表が与えられた場合
階級値 x と度数 f の積 xf を求めて，その合計を度数の総和で割って得られる値を平均値とする。

(2) 最頻値

① データのうちで最も多く現れる値を最頻値という。

② 度数分布表が与えられた場合，度数が最も大きい階級の階級値を最頻値とする。

(3) 中央値

データの値を小さい順に並べたとき，中央にくる値を中央値という。
ただし，データの値の個数が偶数のときは，中央に並ぶ2つの値の平均値を中央値とする。

◆度数分布表と平均値・最頻値

130a 右の表は，女子20人のハンドボール投げの記録をまとめたものである。

(1) 表を完成し，ヒストグラムをかけ。

(2) 平均値と最頻値を求めよ。

階級(m)	階級値 x(m)	度数 f(人)	xf
9以上～11未満		2	
11 ～13		1	
13 ～15		5	
15 ～17		8	
17 ～19		3	
19 ～21		1	
合 計		20	

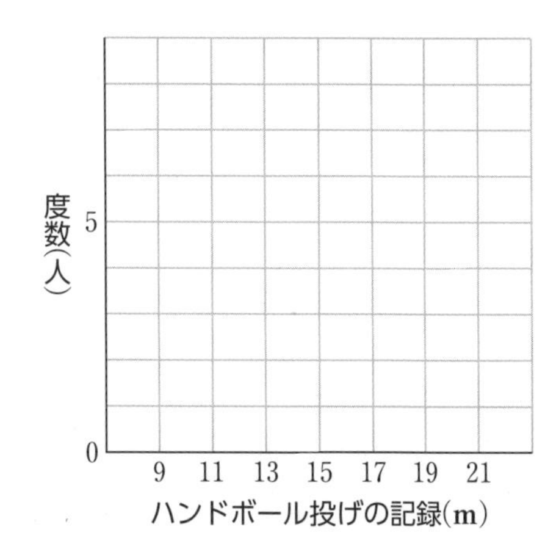

130b 右の表は，男子20人の反復横跳びの記録をまとめたものである。

(1) 表を完成し，ヒストグラムをかけ。

(2) 平均値と最頻値を求めよ。

階級(回)	階級値 x(回)	度数 f(人)	xf
36以上～40未満		1	
40 ～44		1	
44 ～48		4	
48 ～52		7	
52 ～56		5	
56 ～60		2	
合 計		20	

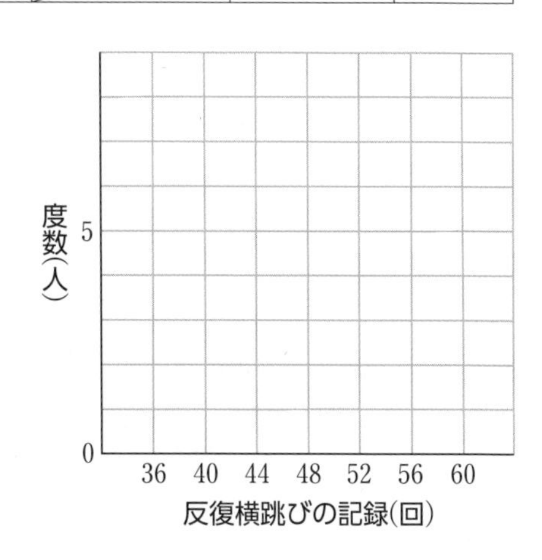

46 データの散らばりと四分位数

例 46　範囲，四分位数，四分位範囲と四分位偏差

10個の値 1，2，2，2，3，3，5，6，7，9 について，次の問いに答えよ。

(1)　範囲を求めよ。　　(2)　四分位数 Q_1，Q_2，Q_3 を求めよ。

(3)　四分位範囲と四分位偏差を求めよ。

ポイント

(2)　中央値によって前半部分と後半部分に分ける。

解

(1)　$9-1=8$　　←最大値 9，最小値 1

(2)　$Q_1=2$，$Q_2=\dfrac{3+3}{2}=3$，$Q_3=6$

←1 2 2 2 3 ┆ 3 5 6 7 9（Q_1，Q_2，Q_3）

(3)　(2)より，四分位範囲は　$Q_3-Q_1=6-2=4$

四分位偏差は　$\dfrac{Q_3-Q_1}{2}=\dfrac{4}{2}=2$

◆範 囲

131a　次のデータについて，範囲を求めよ。

(1)　1，2，3，3，4，5，5

(2)　5，1，18，12，8，20，15

131b　次のデータについて，範囲を求めよ。

(1)　3，3，4，4，7，8，8

(2)　26，31，54，20，23，45，63，19，52，61

◆四分位数

132a　次のデータについて，四分位数 Q_1，Q_2，Q_3 を求めよ。

(1)　2，2，2，3，4，4，5

(2)　1，2，3，3，5，7，8，10，10，12

132b　次のデータについて，四分位数 Q_1，Q_2，Q_3 を求めよ。

(1)　1，2，4，6，8，8，9，9，10

(2)　1，2，2，2，4，7，11，13

基本事項

(1)　範囲＝最大値－最小値

(2)　四分位数　データの値を小さい順に並べ，中央値を境にして 2 つの部分に分ける。データの値の個数が奇数のときは，中央値を 1 つ除いてから，データの前半部分と後半部分を考える。このとき，最小値を含む前半部分の中央値を第 1 四分位数，中央値を第 2 四分位数，最大値を含む後半部分の中央値を第 3 四分位数といい，それぞれ Q_1，Q_2，Q_3 で表す。

(3)　四分位範囲＝Q_3-Q_1，　四分位偏差＝$\dfrac{Q_3-Q_1}{2}$

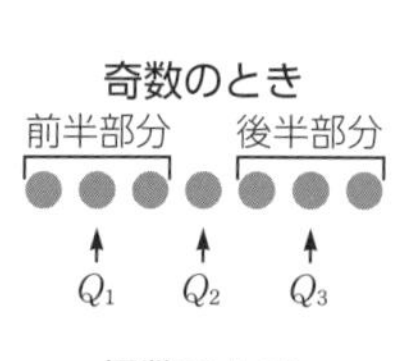

◆四分位範囲と四分位偏差

133a 次のデータについて，四分位範囲と四分位偏差を求めよ。

(1) 1, 2, 6, 8, 10, 18, 21, 23, 30

(2) 30, 40, 15, 35, 12, 17, 20

133b 次のデータについて，四分位範囲と四分位偏差を求めよ。

(1) 22, 25, 31, 34, 39, 45, 68, 75, 87, 93

(2) 8, 10, 4, 0, 2, 4, 6, 11

47 箱ひげ図，外れ値

例 47 箱ひげ図

右の２つのデータＡ，Ｂについて，それぞれの箱ひげ図をかき，データの散らばり具合を比べよ。

データA	1	2	4	4	6	8	8	14	15
データB	3	5	5	6	8	8	9	9	12

解 データＡ，Ｂについて箱ひげ図をかくと，右のようになる。
箱ひげ図全体の横幅や箱の横幅がデータＢの方が短いから，**データＢの方が散らばり具合が小さいと考えられる。**

◆箱ひげ図

134a 次のデータは，２つのチームＡ，Ｂの10人の選手について，腕立てふせの回数を記録したものである。それぞれの箱ひげ図をかけ。また，データの散らばり具合が小さいのはどちらといえるか。

チームA (回)	20	15	17	18	23	18	22	20	17	15
チームB (回)	16	11	20	16	15	22	15	18	25	12

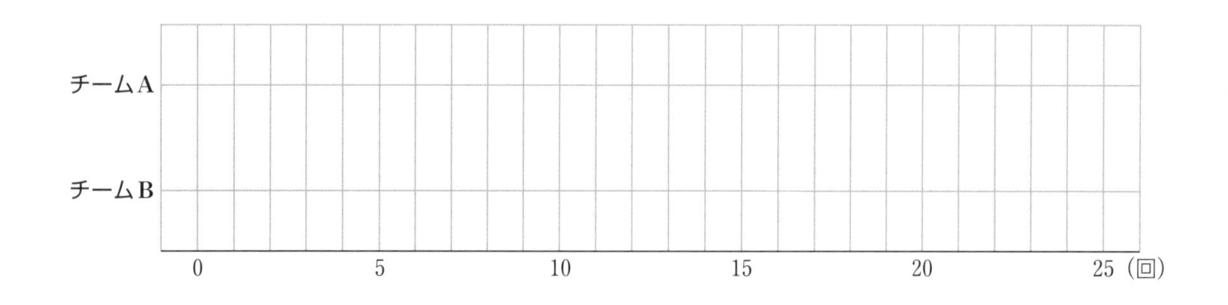

基本事項

(1) 箱ひげ図
最小値，第１四分位数，中央値(第２四分位数)，第３四分位数，最大値を用いて，右のように中央値で仕切られた箱のような長方形とその両端から伸びるひげのような線で表された図。

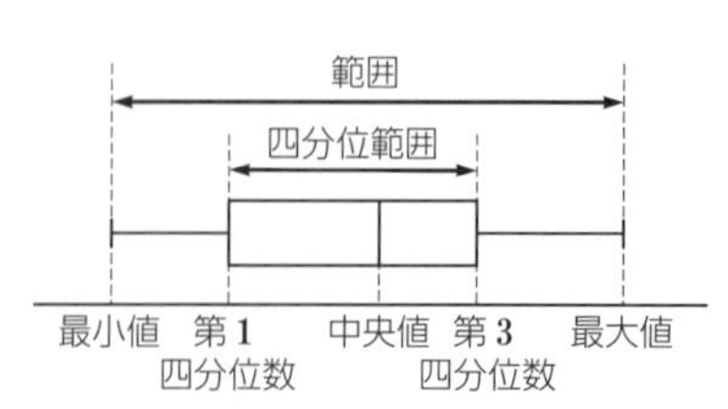

(2) 外れ値
箱ひげ図の箱の両端から四分位範囲の1.5倍よりも外側に離れている値。
ひげの外に「×」などでかく。

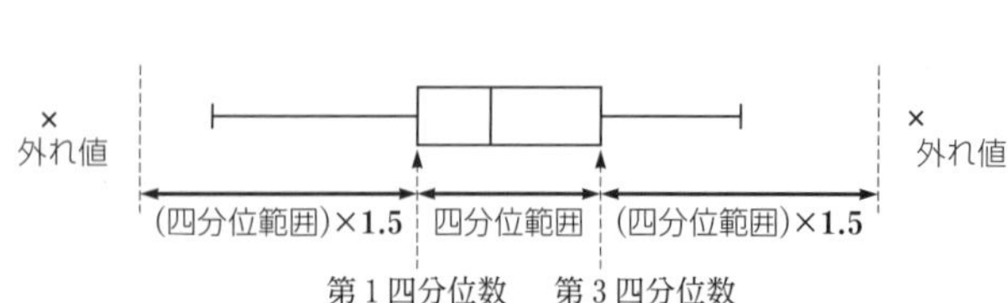

134b 次のデータは，２つの都市A，Bのある年の月間最低気温を記録したものである。それぞれの箱ひげ図をかけ。また，データの散らばり具合が小さいのはどちらといえるか。

	1月	2月	3月	4月	5月	6月	7月	8月	9月	10月	11月	12月
都市A(℃)	1	0	3	7	9	13	19	20	15	12	6	1
都市B(℃)	13	11	11	15	17	24	25	25	24	19	14	13

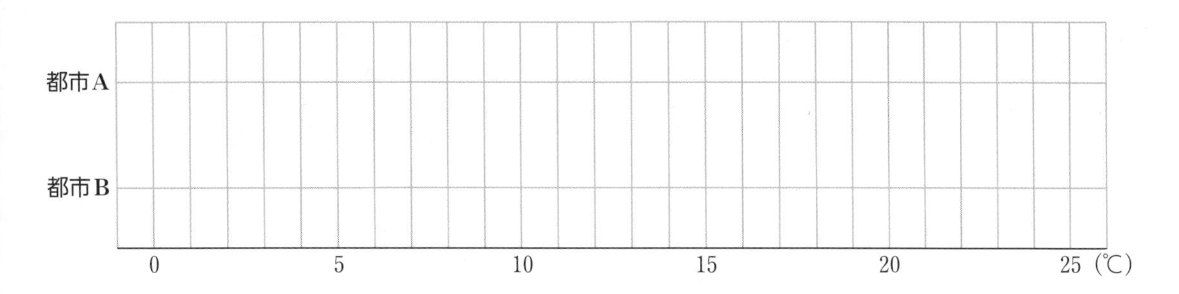

◆外れ値

135a 次のデータについて，外れ値があれば求めて，箱ひげ図をかけ。

0，5，5，7，8，8，9，9，10，18

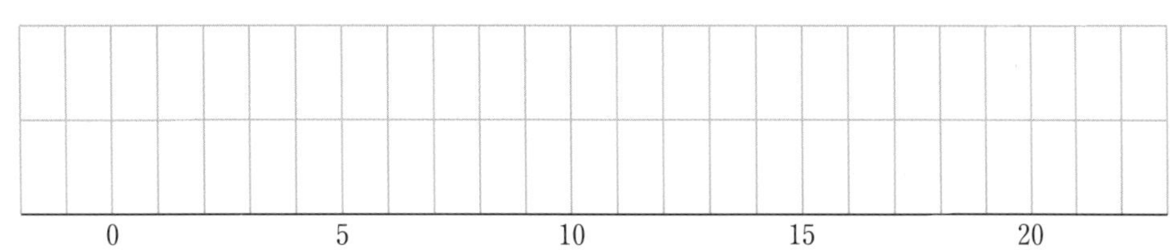

135b 次のデータについて，外れ値があれば求めて，箱ひげ図をかけ。

4，8，10，11，11，12，13，13，13，15，21

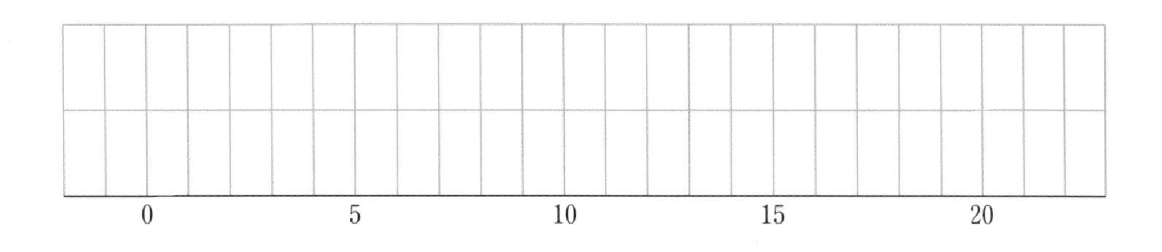

ヒント 135 (四分位範囲)×1.5 を求める。

48 データの散らばりと標準偏差

例 48 分散，標準偏差

5個の値 1，4，5，7，13 について，分散 s^2 と標準偏差 s を求めよ。

ポイント
まず平均値を求め，分散を計算する。標準偏差は分散の正の平方根である。

解 平均値 $\overline{x}$ は $\overline{x}=\dfrac{1+4+5+7+13}{5}=6$(点)

であるから，各変量の偏差はそれぞれ

$-5,\ -2,\ -1,\ 1,\ 7$

である。

よって，分散は $s^2=\dfrac{(-5)^2+(-2)^2+(-1)^2+1^2+7^2}{5}=\dfrac{80}{5}=\mathbf{16}$

したがって，標準偏差は $s=\sqrt{16}=\mathbf{4}$

◆偏差

136a 5個のデータ 1，3，4，5，7 について，次の問いに答えよ。

(1) 平均値を求めよ。

(2) 各変量の偏差を求めよ。

(3) 偏差の合計が 0 になることを確かめよ。

136b 次のデータは，生徒5人の通学時間である。

10，16，18，24，27（分）

(1) 平均値を求めよ。

(2) 各変量の偏差を求めよ。

(3) 偏差の合計が 0 になることを確かめよ。

基本事項

変量 x の n 個の値 x_1，x_2，……，x_n の平均値が $\overline{x}$ のとき

① 分散 s^2 $s^2=$(偏差)^2 の平均値$=\dfrac{(\text{偏差})^2\text{の合計}}{\text{変量の値の個数}}=\dfrac{(x_1-\overline{x})^2+(x_2-\overline{x})^2+\cdots\cdots+(x_n-\overline{x})^2}{n}$

② 標準偏差 s $s=\sqrt{\text{分散}}=\sqrt{\dfrac{(x_1-\overline{x})^2+(x_2-\overline{x})^2+\cdots\cdots+(x_n-\overline{x})^2}{n}}$

◆分散，標準偏差

137a 次のデータは，生徒 6 人の小テストの結果である。得点 x の分散 s^2 と標準偏差 s を求めよ。

4，6，6，7，9，10（点）

137b 次のデータは，生徒 6 人の反復横跳びの記録である。回数 x の分散 s^2 と標準偏差 s を求めよ。

40，43，45，45，48，49（回）

データの相関

例 49 散布図

右の表は，生徒10人の身長と体重の記録である。身長を横軸，体重を縦軸として散布図をかき，どのような相関があるか調べよ。

番号	身長(cm)	体重(kg)
1	162	56
2	154	54
3	161	64
4	148	46
5	164	61
6	158	52
7	156	50
8	149	47
9	150	51
10	159	55

解 散布図は右の図のようになり，**正の相関がある**といえる。

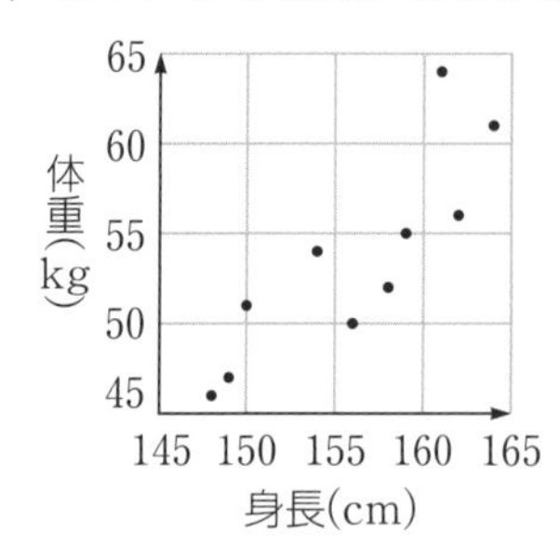

◆散布図

138a 次の表は，生徒 5 人に小テストを 2 回行ったときの得点の結果である。

生徒	A	B	C	D	E
1 回目 x (点)	6	8	7	10	9
2 回目 y (点)	6	10	7	9	8

(1) 1 回目の得点 x を横軸，2 回目の得点 y を縦軸にとり，散布図をかけ。

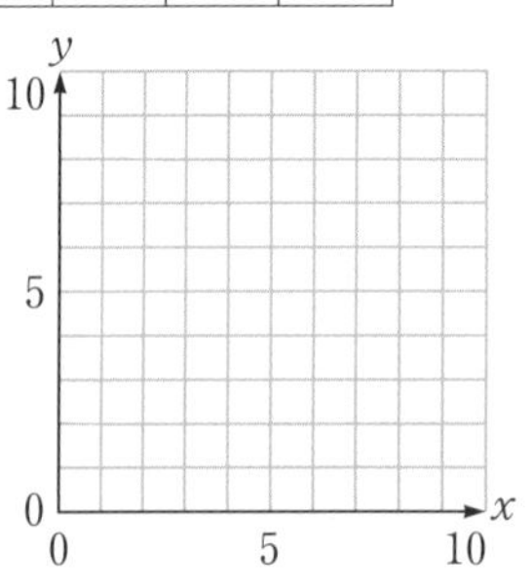

(2) 生徒Aの表す点について，x の偏差と y の偏差の積を求め，その符号を調べよ。

(3) x と y の間には，どのような相関があるといえるか。次の①～③の中から 1 つ選べ。
① 正の相関がある
② 負の相関がある
③ 相関がない

138b 次の表は，生徒 6 人に数学と国語の小テストを行ったときの得点の結果である。

生徒	A	B	C	D	E	F
数学 x (点)	3	4	1	2	6	8
国語 y (点)	8	5	7	6	1	3

(1) 数学の得点 x を横軸，国語の得点 y を縦軸にとり，散布図をかけ。

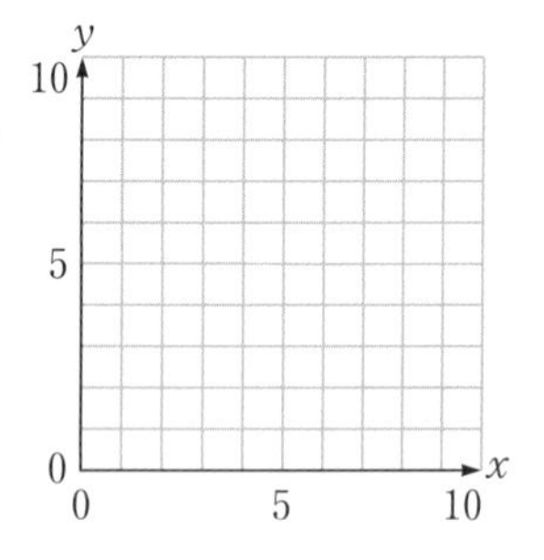

(2) 生徒Aの表す点について，x の偏差と y の偏差の積を求め，その符号を調べよ。

(3) x と y の間には，どのような相関があるといえるか。次の①～③の中から 1 つ選べ。
① 正の相関がある
② 負の相関がある
③ 相関がない

基本事項

相関係数 変量 x，y のデータの値の組 $(x_1,\ y_1)$，$(x_2,\ y_2)$，……，$(x_n,\ y_n)$ において，x，y の平均値をそれぞれ $\overline{x}$，$\overline{y}$ とする。また，x，y の標準偏差を s_x，s_y とする。

① 共分散 s_{xy} $$s_{xy}=\frac{(x_1-\overline{x})(y_1-\overline{y})+(x_2-\overline{x})(y_2-\overline{y})+\cdots\cdots+(x_n-\overline{x})(y_n-\overline{y})}{n}$$

② 相関係数 r $$r=\frac{x\text{ と }y\text{ の共分散}}{(x\text{ の標準偏差})\times(y\text{ の標準偏差})}=\frac{s_{xy}}{s_xs_y}$$

◆相関係数

139a 右の表は，**138a** のデータから作成したものである。表を完成し，1回目の得点 x と2回目の得点 y の相関係数 r を求めよ。

生徒	x	y	$x-\overline{x}$	$y-\overline{y}$	$(x-\overline{x})^2$	$(y-\overline{y})^2$	$(x-\overline{x})(y-\overline{y})$
A	6	6					
B	8	10					
C	7	7					
D	10	9					
E	9	8					
合計							

139b 右の表は，**138b** のデータから作成したものである。表を完成し，数学の得点 x と国語の得点 y の相関係数 r を，小数第3位を四捨五入して求めよ。

生徒	x	y	$x-\overline{x}$	$y-\overline{y}$	$(x-\overline{x})^2$	$(y-\overline{y})^2$	$(x-\overline{x})(y-\overline{y})$
A	3	8					
B	4	5					
C	1	7					
D	2	6					
E	6	1					
F	8	3					
合計							

1 集合

例 1　共通部分と和集合，全体集合と補集合

全体集合を $U=\{x \mid x$ は24の正の約数$\}$ とする。

$A=\{3,\ 4,\ 6\}$,　$B=\{3,\ 6,\ 12,\ 24\}$

について，次の集合を求めよ。

(1)　$A\cap B$　(2)　$A\cup B$　(3)　$\overline{A}$　(4)　$\overline{A\cup B}$

ポイント！

(3)　Uの要素であって，Aの要素でないものをさがす。

(4)　(2)を利用する。

解

(1)　$A\cap B=\{\mathbf{3},\ \mathbf{6}\}$

(2)　$A\cup B=\{\mathbf{3},\ \mathbf{4},\ \mathbf{6},\ \mathbf{12},\ \mathbf{24}\}$

(3)　$U=\{1,\ 2,\ 3,\ 4,\ 6,\ 8,\ 12,\ 24\}$ であるから

$\overline{A}=\{\mathbf{1},\ \mathbf{2},\ \mathbf{8},\ \mathbf{12},\ \mathbf{24}\}$

(4)　(2)より　$\overline{A\cup B}=\{\mathbf{1},\ \mathbf{2},\ \mathbf{8}\}$

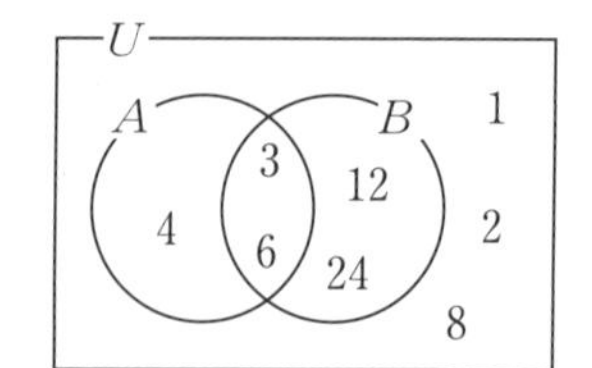

◆集合の表し方

1a　次の集合を，要素を書き並べる方法で表せ。

(1)　1桁の正の偶数の集合A

(2)　$B=\{x \mid x$ は30以下の自然数で6の倍数$\}$

1b　次の集合を，要素を書き並べる方法で表せ。

(1)　18の正の約数の集合A

(2)　$B=\{x \mid x$ は $x^2=16$ を満たす数$\}$

◆部分集合

2a　集合 $A=\{2,\ 3,\ 5,\ 6,\ 8,\ 10,\ 12,\ 20\}$ の部分集合を次の集合からすべて選び，記号$\subset$を用いて表せ。

$P=\{5,\ 10\}$,

$Q=\{3,\ 6,\ 12,\ 20\}$,

$R=\{3,\ 6,\ 9,\ 12,\ 20\}$

2b　集合 $A=\{x \mid x$ は36の正の約数$\}$ の部分集合を次の集合からすべて選び，記号$\subset$を用いて表せ。

$P=\{1,\ 2,\ 3,\ 4,\ 5\}$,

$Q=\{x \mid x$ は12の正の約数$\}$,

$R=\{x \mid x$ は10以上20以下の4の倍数$\}$

基本事項　集合

①　集合を表すには，次の2つの方法がある。

(ア)　{　}の中に要素を書き並べる。　(イ)　{　}の中に要素の満たす条件を書く。

②　集合Aの要素がすべて集合Bの要素になっているとき，AはBの部分集合であるといい，$A\subset B$ で表す。

③　集合AとBの両方に属する要素の集合をAとBの共通部分といい，$A\cap B$ で表す。

④　集合AとBの少なくとも一方に属する要素の集合をAとBの和集合といい，$A\cup B$ で表す。

⑤　1つの集合Uを考え，その部分集合をAとするとき，Uの要素であってAの要素でないものの集合をAの補集合といい，$\overline{A}$で表す。最初に考えた集合Uを全体集合という。

◆共通部分と和集合

3a 次の集合 A，B について，$A\cap B$ と $A\cup B$ を求めよ。

(1) $A=\{3,\ 4,\ 7\}$，
$B=\{1,\ 2,\ 3,\ 4,\ 5\}$

(2) $A=\{x\,|\,x$ は1桁の正の奇数$\}$，
$B=\{x\,|\,x$ は12の正の約数$\}$

3b 次の集合 A，B について，$A\cap B$ と $A\cup B$ を求めよ。

(1) $A=\{2,\ 4,\ 12\}$，
$B=\{3,\ 6,\ 8,\ 10,\ 15\}$

(2) $A=\{x\,|\,x$ は20の正の約数$\}$，
$B=\{x\,|\,x$ は28の正の約数$\}$

◆全体集合と補集合

4a 全体集合を
$U=\{2,\ 3,\ 4,\ 5,\ 6,\ 8,\ 9,\ 10\}$ とする。
$A=\{2,\ 4,\ 8,\ 10\}$，
$B=\{3,\ 4,\ 10\}$
について，次の集合を求めよ。

(1) $\overline{A}$

(2) $\overline{B}$

(3) $\overline{A\cap B}$

4b 全体集合
$U=\{x\,|\,x$ は10以下の自然数$\}$ の部分集合
$A=\{x\,|\,x$ は正の偶数$\}$，
$B=\{x\,|\,x$ は3の正の倍数$\}$
について，次の集合を求めよ。

(1) $\overline{A}$

(2) $\overline{B}$

(3) $\overline{A\cup B}$

2 集合の要素の個数

例 2　倍数の個数

100以下の自然数のうち，次のような数は何個あるか。

(1)　3の倍数かつ5の倍数　　(2)　3の倍数または5の倍数

ポイント!
集合の関係を図に表す。

(1)　100以下の自然数のうち，3の倍数の集合をA，5の倍数の集合をBとすると，3の倍数かつ5の倍数の集合は15の倍数の集合で，$A\cap B$で表される。

$$A\cap B=\{15\cdot 1,\ 15\cdot 2,\ \cdots\cdots,\ 15\cdot 6\}$$

であるから，求める数の個数は　$n(A\cap B)=6$　　**答**　**6個**

U 100以下の自然数
A 3の倍数
B 5の倍数
15の倍数

(2)　$A=\{3\cdot 1,\ 3\cdot 2,\ \cdots\cdots,\ 3\cdot 33\}$ であるから　$n(A)=33$

$B=\{5\cdot 1,\ 5\cdot 2,\ \cdots\cdots,\ 5\cdot 20\}$ であるから　$n(B)=20$

3の倍数または5の倍数の集合は$A\cup B$で表されるから，求める数の個数は

$$n(A\cup B)=n(A)+n(B)-n(A\cap B)=33+20-6=47$$　**答**　**47個**

◆集合の要素の個数

5a　次の集合の要素の個数を求めよ。

(1)　$A=\{2,\ 4,\ 6,\ 8,\ 10,\ 12,\ 14\}$

(2)　100以下の自然数のうちの4の倍数の集合B

5b　次の集合の要素の個数を求めよ。

(1)　$A=\{x\mid x$ は48の正の約数$\}$

(2)　100以下の自然数のうちの6の倍数の集合B

◆和集合の要素の個数

6a　集合A，Bにおいて，$n(A)=10$，$n(B)=7$，$n(A\cap B)=3$のとき，$n(A\cup B)$を求めよ。

6b　集合A，Bにおいて，$n(A)=12$，$n(B)=15$，$n(A\cap B)=8$のとき，$n(A\cup B)$を求めよ。

(1)　和集合の要素の個数

$$n(A\cup B)=n(A)+n(B)-n(A\cap B)$$

とくに，$A\cap B=\varnothing$のとき

$$n(A\cup B)=n(A)+n(B)$$

(2)　補集合の要素の個数

$$n(\overline{A})=n(U)-n(A)$$

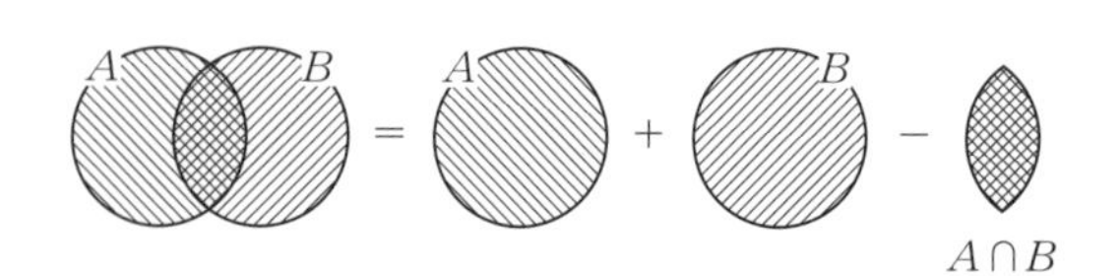

◆補集合の要素の個数

7a　1桁の自然数のうち，素数でない数は何個あるか。

7b　50以下の自然数のうち，6で割り切れない数は何個あるか。

◆倍数の個数

8a　100以下の自然数のうち，次のような数は何個あるか。

(1)　5の倍数かつ7の倍数

(2)　5の倍数または7の倍数

8b　200以下の自然数のうち，次のような数は何個あるか。

(1)　4の倍数かつ6の倍数

(2)　4の倍数または6の倍数

▶ p.174 補充問題 12

例 3　和の法則

大，小 2 個のさいころを同時に投げるとき，目の和が 4 または 7 になる場合は何通りあるか。

ポイント!
目の和が 4 の場合と 7 の場合に分けて考え，和の法則を利用する。

解 目の和が 4 になる場合は 3 通りあり，目の和が 7 になる場合は 6 通りある。
目の和が 4 になる場合と 7 になる場合が同時に起こることはない。
よって，求める場合の総数は

$3+6=9$

答　9 通り

← 目の和が 4

大	1	2	3
小	3	2	1

目の和が 7

大	1	2	3	4	5	6
小	6	5	4	3	2	1

◆ **樹形図**

9a　大，中，小 3 個のさいころを同時に投げるとき，目の和が 7 になる場合は何通りあるか，樹形図を用いて求めよ。

9b　100円，50円，10円の硬貨がたくさんある。この 3 種類の硬貨を使って，250円支払う方法は何通りあるか，樹形図を用いて求めよ。ただし，使わない硬貨があってもよいとする。

基本事項

和の法則
同時に起こらない 2 つの事柄A，Bがあるとする。
Aの起こり方が a 通り，Bの起こり方が b 通りあるとき，AまたはBの起こる場合の数は　$a+b$ 通り
和の法則は，3 つ以上の事柄についても成り立つ。

◆和の法則

10a 大，小２個のさいころを同時に投げるとき，次の場合は何通りあるか。

(1) 目の和が３または７

(2) 目の和が６の倍数

(3) 目の和が10以上

10b 大，小２個のさいころを同時に投げるとき，次の場合は何通りあるか。

(1) 目の和が４または９

(2) 目の積が２以下

(3) 目の和が８の正の約数

4 数え上げの原則(2)

例 4 **積の法則**

4種類のブラウスと3種類のスカートから，1種類ずつ選んで着るとき，着方は何通りあるか。

ポイント!
積の法則を利用する。

解 ブラウスの選び方は4通りあり，どのブラウスに対してもスカートの選び方は3通りずつある。
よって，求める着方の総数は

$$4\times3=12$$

答 **12通り**

← Aという1枚のブラウスに対して，3種類のスカートを選ぶことができる。

◆**積の法則**

11a 次の場合は何通りあるか。

(1) 6種類のケーキと4種類の飲み物から，それぞれ1種類ずつ選ぶ方法

(2) A町からB町への道は3本あり，B町からC町への道は4本あるとき，A町からB町を通ってC町へ行く方法

11b 次の場合は何通りあるか。

(1) 国語の参考書が3種類，数学の参考書が5種類あるとき，それぞれ1冊ずつ選ぶ方法

(2) 大，小2個のさいころを同時に投げるときの目の出方

基本事項

積の法則

2つの事柄A，Bがあって，Aの起こり方がa通りあり，そのそれぞれに対してBの起こり方がb通りずつあるとき，A，Bがともに起こる場合の数は　$a\times b$通り
積の法則は，3つ以上の事柄についても成り立つ。

◆積の法則（3 つ以上の事柄）

12a くつが 4 種類，ぼうしが 2 種類，ベルトが 3 種類ある。それぞれ 1 種類ずつ選んで着るとき，着方は何通りあるか。

12b 大，中，小 3 個のさいころを同時に投げるとき，目の積が奇数になる場合は何通りあるか。

◇約数の個数

13a 次の数について，正の約数は何個あるか。

(1) 56

(2) 112

13b 次の数について，正の約数は何個あるか。

(1) 135

(2) 216

ヒント 13 与えられた数を素因数分解する。

5 順列(1)

例5 順列

(1) 次の値を求めよ。

① $_9P_3$　　② $4!$

(2) 12人の中から委員長，副委員長，書記の3人を選ぶ方法は何通りあるか。

ポイント
(2) 3人を選んで1列に並べ，並んだ順に役職を決めると考える。

(1) ① $_9P_3=9\cdot8\cdot7=\mathbf{504}$

② $4!=4\cdot3\cdot2\cdot1=\mathbf{24}$

(2) 12個から3個取る順列であるから

$_{12}P_3=12\cdot11\cdot10=1320$　　答 **1320通り**

← 9 から始まる
$_9P_3=\underbrace{9\cdot8\cdot7}$
3 個の数の積

◆ $_nP_r$ の計算

14a 次の値を求めよ。

(1) $_4P_3$

(2) $_9P_2$

(3) $_{12}P_1$

(4) $_5P_2\times{}_3P_2$

14b 次の値を求めよ。

(1) $_6P_4$

(2) $_{10}P_3$

(3) $_3P_3$

(4) $_8P_2\times{}_3P_1$

基本事項

(1) 順列の総数

異なるn個のものから異なるr個のものを取り出して1列に並べたものを，n個からr個取る順列といい，その総数を$_nP_r$で表す。

$$_nP_r=\underbrace{n(n-1)(n-2)\cdot\cdots\cdots\cdot(n-r+1)}_{r\text{個の積}}\quad(\text{ただし}\ n\geqq r)$$

(2) 階乗

1からnまでの自然数の積をnの階乗といい，$n!$で表す。

$$n!=n(n-1)(n-2)\cdot\cdots\cdots\cdot3\cdot2\cdot1$$

◆ 順列

15a 部員11人のクラブで，部長，副部長，会計の３人を選ぶ方法は何通りあるか。

15b 陸上部に７人の選手がいる。走る順番を考えて，４人のリレー走者を選ぶ方法は何通りあるか。

◆ 階乗の計算

16a 次の値を求めよ。

(1)　$5!\times2!$

(2)　$\dfrac{5!}{3!}$

16b 次の値を求めよ。

(1)　$3!\times4!$

(2)　$\dfrac{6!}{8!}$

◆ すべてのものを並べる順列

17a 国語，社会，数学，理科，英語の試験がある。試験をする順番の決め方は何通りあるか。

17b さいころを６回続けて投げたとき，１から６の目が１回ずつ出た。このような目の出方は何通りあるか。

▶ p.175 補充問題 13, 14

例 6 隣り合う順列，両端にくる順列

おとな 4 人と子ども 2 人が 1 列に並ぶとき，次のような並び方は何通りあるか。

(1) 子どもが隣り合う。　　(2) おとなが両端にくる。

ポイント
(1) 隣り合う子ども 2 人をまとめて 1 組と考える。
(2) まず，両端にくるおとなの並び方を考える。

解 (1) 子ども 2 人をひとまとめにして考えると，おとな 4 人と子ども 1 組の並び方は 5! 通り。
また，ひとまとめにした子ども 2 人の並び方は 2! 通り。
よって，求める並び方の総数は，積の法則により

$5! \times 2! = 120 \times 2 = 240$　　**答 240通り**

5! 通り
お 子 子 お お お
2! 通り

(2) 両端のおとな 2 人の並び方は ${}_4P_2$ 通り。
また，残り 4 人の並び方は 4! 通り。
よって，求める並び方の総数は，積の法則により

${}_4P_2 \times 4! = 12 \times 24 = 288$　　**答 288通り**

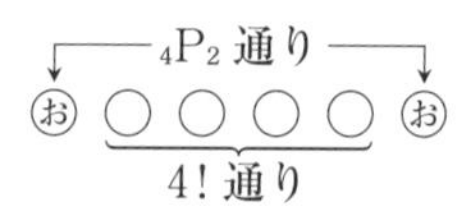

◆**数字を並べてできる整数**

18a 5 個の数字 1，2，3，4，5 の中から異なる 4 個を並べてできる次のような数は何個あるか。

(1) 4 桁の整数

(2) 4 桁の偶数

(3) 4 桁の 5 の倍数

18b 7 個の数字 1，2，3，4，5，6，7 の中から異なる 3 個を並べてできる次のような数は何個あるか。

(1) 3 桁の整数

(2) 3 桁の奇数

(3) 3 桁の 5 の倍数

◆隣り合う順列，両端にくる順列

19a　A，B，C，D，E，Fの６枚のカードを１列に並べるとき，次のような並べ方は何通りあるか。

(1)　A，Bが隣り合う。

(2)　A，Bが両端にくる。

19b　１年生２人と２年生５人が１列に並ぶとき，次のような並び方は何通りあるか。

(1)　１年生が隣り合う。

(2)　２年生が両端にくる。

7 重複順列，円順列

例 7　重複順列，円順列

(1)　数字 1，2，3，4，5 をくり返し用いてもよいとき，3 桁の整数は何個できるか。

(2)　おとな 2 人と子ども 3 人が円形に座る方法は何通りあるか。

ポイント！

(1)　同じ数字をくり返し使えるから，重複順列になる。

(2)　円形に並ぶときは円順列になる。

解　(1)　各位の数字は，それぞれ 1，2，3，4，5 の 5 通りの選び方があるから　　$5^3=125$

答　**125個**

← 百の位　十の位　一の位
↑　↑　↑
（5 通り）（5 通り）（5 通り）

(2)　5 人の円順列と考えられるから　　$(5-1)!=4!=24$

答　**24通り**

◆ **重複順列**

20a　次の問いに答えよ。

(1)　数字 1，2，3 をくり返し用いてもよいとき，4 桁の整数は何個できるか。

(2)　大，中，小 3 個のさいころを同時に投げるとき，目の出方は何通りあるか。

20b　次の問いに答えよ。

(1)　文字 a，b をくり返し用いてもよいとき，5 個の文字を 1 列に並べる方法は何通りあるか。

(2)　5 人でじゃんけんをするとき，5 人のグー，チョキ，パーの出し方は何通りあるか。

(1)　**重複順列の総数**

n 種類のものから r 個取る重複順列の総数は　　$\underbrace{n\times n\times\cdots\cdots\times n}_{r\text{個の積}}=n^r$

(2)　**円順列の総数**

異なる n 個のものの円順列の総数は　　$\dfrac{{}_n\mathrm{P}_n}{n}=(n-1)!$

◆重複順列

21a 6人の生徒をA，Bの2つの部屋に入れる方法は何通りあるか。ただし，全員を1つの部屋に入れてもよいものとする。

21b 異なる5個の玉をA，B，Cの3つの箱に入れる方法は何通りあるか。ただし，空の箱があってもよいものとする。

◆円順列

22a 次の問いに答えよ。

(1) 7人が円形に座る方法は何通りあるか。

(2) 男子4人と女子4人が手をつないで輪を作るとき，輪の作り方は何通りあるか。

22b 次の問いに答えよ。

(1) 異なる9個の玉を円形に並べるとき，並べ方は何通りあるか。

(2) 下の図のような4等分した円板を，異なる4色で塗(ぬ)り分ける方法は何通りあるか。

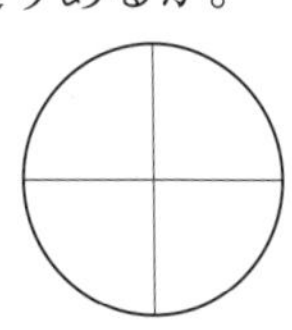

8 組合せ

例 8 組合せ

(1) ② ${}_nC_r={}_nC_{n-r}$
(2) 組合せは，順序を考えずに選び出すこと。

(1) 次の値を求めよ。

① ${}_8C_3$　　② ${}_9C_7$

(2) A，B，C，D，E，F の 6 冊の本から 3 冊選ぶ方法は何通りあるか。

解 (1) ① ${}_8C_3=\dfrac{8\cdot7\cdot6}{3\cdot2\cdot1}=\mathbf{56}$

← ${}_8C_3=\dfrac{8\cdot7\cdot6}{3\cdot2\cdot1}$（分子 3個，分母 3個）

② ${}_9C_7={}_9C_2=\dfrac{9\cdot8}{2\cdot1}=\mathbf{36}$

← ${}_9C_7={}_9C_{9-7}$

(2) 6 個から 3 個取る組合せであるから

$${}_6C_3=\frac{6\cdot5\cdot4}{3\cdot2\cdot1}=20$$

答 20通り

◆ ${}_nC_r$ の計算

23a 次の値を求めよ。

(1) ${}_{10}C_2$

(2) ${}_8C_4$

(3) ${}_5C_1$

(4) ${}_5C_2\times{}_4C_2$

23b 次の値を求めよ。

(1) ${}_{12}C_3$

(2) ${}_9C_4$

(3) ${}_{10}C_{10}$

(4) $\dfrac{{}_7C_3}{{}_9C_3}$

基本事項

組合せの総数

異なる n 個のものから異なる r 個を取り出して 1 組としたものを，n 個から r 個取る組合せといい，その総数を ${}_nC_r$ で表す。

$${}_nC_r=\frac{{}_nP_r}{r!}=\frac{n(n-1)(n-2)\cdots\cdots(n-r+1)}{r(r-1)(r-2)\cdots\cdots2\cdot1}$$

（分子 ← n から始まる r 個の積，分母 ← r から始まる r 個の積）

ただし，${}_nC_0=1$ と定める。
また，${}_nC_r={}_nC_{n-r}$ が成り立つ。

◆ ${}_nC_r={}_nC_{n-r}$ の利用

24a 次の値を求めよ。

(1) ${}_8C_5$

(2) ${}_{12}C_{10}$

(3) ${}_{100}C_{99}$

24b 次の値を求めよ。

(1) ${}_{11}C_9$

(2) ${}_{15}C_{14}$

(3) ${}_3C_0$

◆組合せ

25a 次の問いに答えよ。

(1) 10人の中から3人の委員を選ぶ方法は何通りあるか。

(2) 12人の中から5人を選んでバスケットボールのチームを作りたい。チームの作り方は何通りあるか。

25b 次の問いに答えよ。

(1) 異なる7個の文字から5個の文字を選ぶ方法は何通りあるか。

(2) サッカーのチームが6チームある。各チームが，他のどのチームとも1度ずつ試合を行うとき，全部で何試合になるか。

▶ p.176 補充問題 15, 16

9 組合せの利用(1)

例 9 組合せと積の法則の利用

A組8人，B組6人の中から，それぞれ2人の委員を選ぶ方法は何通りあるか。

A組，B組それぞれの選び方を考えて，積の法則を利用する。

解 A組8人から2人の委員を選ぶ方法は ${}_8C_2$ 通り。
また，B組6人から2人の委員を選ぶ方法は ${}_6C_2$ 通り。
よって，求める選び方の総数は，積の法則により

$${}_8C_2 \times {}_6C_2 = \frac{8 \cdot 7}{2 \cdot 1} \times \frac{6 \cdot 5}{2 \cdot 1} = 420$$

答 420通り

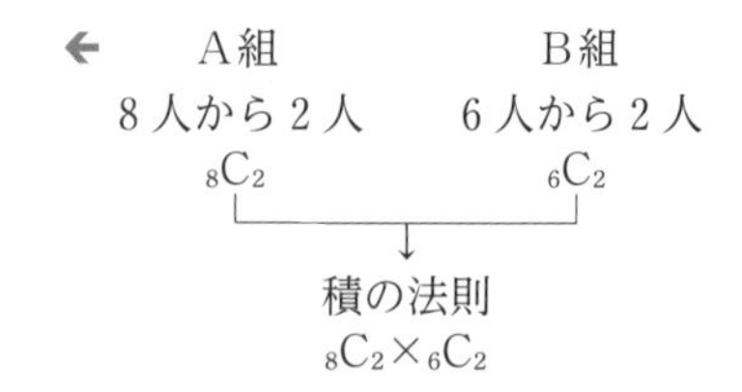

◆図形に関する問題

26a 下の図のように，円周上にある8個の点のうち，3個の点を結んでできる三角形は何個あるか。

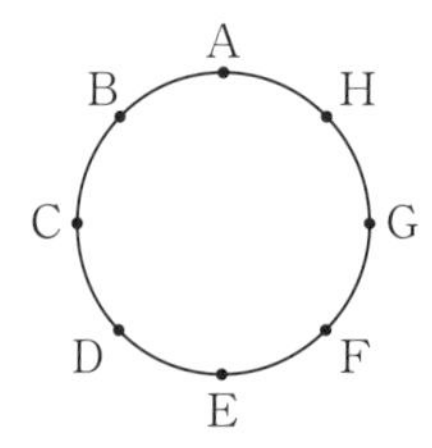

26b 正十角形 ABCDEFGHIJ の頂点のうちの4個を結んでできる四角形は何個あるか。

◆組合せと積の法則の利用

27a 1年生10人，2年生7人の中から，1年生3人，2年生2人の委員を選ぶ方法は何通りあるか。

27b 4種類のケーキと6種類のジュースの中から，ケーキ2種類とジュース3種類を選ぶ方法は何通りあるか。

◆組合せと積の法則の利用

28a 1から9までの数字が書かれた9枚のカードの中から，4枚を選ぶとき，奇数がちょうど2枚となる選び方は何通りあるか。

28b 1から10までの数字が書かれた10枚のカードの中から，5枚を選ぶとき，偶数がちょうど3枚となる選び方は何通りあるか。

◇組分け

29a 6人を次のように分ける方法は何通りあるか。

(1) A，Bの2つの組に3人ずつ分ける。

(2) 3人ずつの2つの組に分ける。

29b 8人を次のように分ける方法は何通りあるか。

(1) A, B, C, Dの4つの組に2人ずつ分ける。

(2) 2人ずつの4つの組に分ける。

ヒント 29 (2) (1)において，組の名前による区別をなくす。

10 組合せの利用(2)

例 10 最短の道順

右の図のように，南北に 6 本，東西に 4 本の道がある。
A から B へ行く最短の道順は何通りあるか。

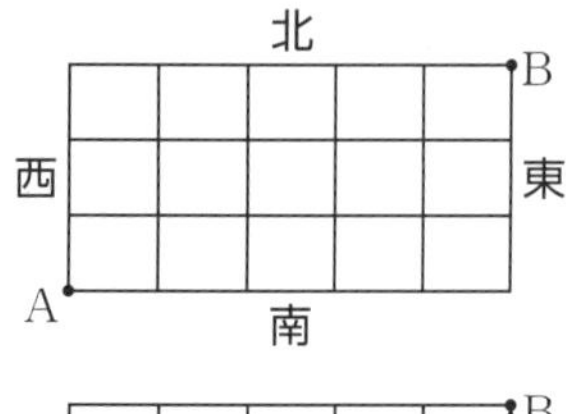

ポイント！
最短の道順の総数は，記号でおきかえて考える。

解 北に 1 区画進むことを記号↑，
東に 1 区画進むことを記号→で表す。
A から B まで行く最短の道順は，
↑を 3 個，→を 5 個
並べる順列で表すことができる。
よって，求める道順の総数は

$$\frac{8!}{3!5!}=\frac{8\cdot7\cdot6\cdot5\cdot4\cdot3\cdot2\cdot1}{3\cdot2\cdot1\times5\cdot4\cdot3\cdot2\cdot1}=56$$

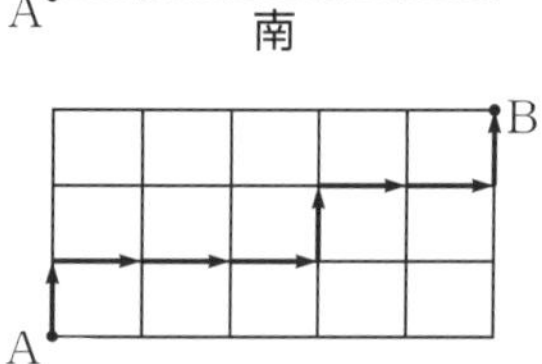

← この図の道順は
↑→→→↑→→↑
で表される。

← 8 区画の中から北へ進む 3 区画を選べば，1 つの道順が決まるから，${}_8C_3$ と考えてもよい。

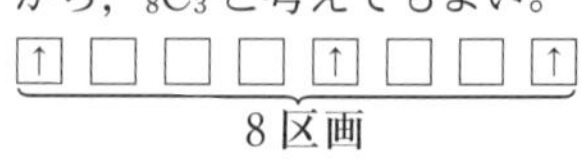

答 56通り

◆同じものを含む順列

30a 次の問いに答えよ。

(1) a, a, a, b, b, b, b の 7 文字をすべて用いると，文字列は何個作れるか。

(2) 9 個の数字 1, 1, 2, 2, 3, 3, 3, 3, 3 をすべて用いると，9 桁の整数は何個できるか。

30b 次の問いに答えよ。

(1) 6 個の数字 1, 1, 1, 2, 2, 3 をすべて用いると，6 桁の整数は何個できるか。

(2) 赤玉 2 個，白玉 4 個，青玉 4 個を 1 列に並べる方法は何通りあるか。

同じものを含む順列の総数

n 個のもののうち，同じものがそれぞれ p 個，q 個，r 個あるとき，これらのすべてを 1 列に並べる順列の総数は

$$\frac{n!}{p!q!r!} \quad \text{ただし} \quad p+q+r=n$$

◆道順の数

31a 右の図のような道がある。次の場合の最短の道順は何通りあるか。

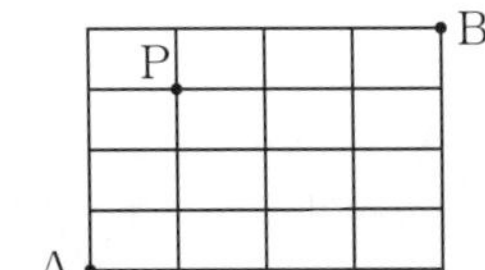

(1) AからBへ行く。

(2) AからPへ行く。

(3) AからPを通ってBへ行く。

31b 右の図のような道がある。次の場合の最短の道順は何通りあるか。

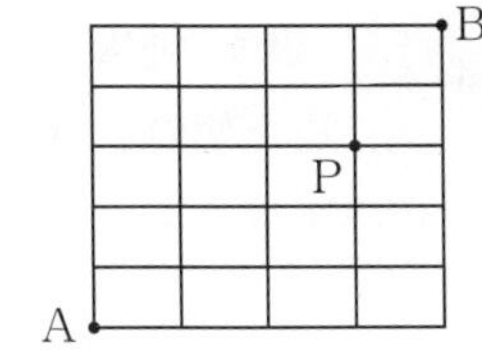

(1) AからBへ行く。

(2) AからPへ行く。

(3) AからPを通ってBへ行く。

ヒント 31 (3) AからPまでの道順とPからBまでの道順をそれぞれ求める。

11 事象と確率(1)

例 11 事象の確率

大，小 2 個のさいころを同時に投げるとき，目の差が 4 になる確率を求めよ。

ポイント！
場合の数を，もれがなく，重複することもないように数える。

解 すべての目の出方は，積の法則により

$6\times6=36$（通り）

あり，これらは同様に確からしい。

このうち，目の差が 4 になるのは 4 通り。 ←目の差が 4

大	1	2	5	6
小	5	6	1	2

よって，求める確率は

$\frac{4}{36}=\frac{1}{9}$ ←約分する。

◆**試行と事象**

32a 1 枚の硬貨を 3 回投げる。表が出ることをH，裏が出ることをTで表し，たとえば，表，表，裏の順に出ることを，(H，H，T)と表すことにする。このとき，次の事象を集合で表せ。

(1) 全事象 U

(2) 裏が 1 回だけ出る事象 A

32b 3 人兄弟がじゃんけんをする。たとえば，長男がグー，次男がチョキ，三男がパーを出すことを，(グ，チ，パ)と表すことにする。このとき，次の事象を集合で表せ。

(1) 長男だけが勝つ事象 A

(2) あいこになる事象 B

基本事項

事象の確率

$$P(A)=\frac{\text{事象 } A \text{ が起こる場合の数}}{\text{起こり得るすべての場合の数}}=\frac{n(A)}{n(U)}$$

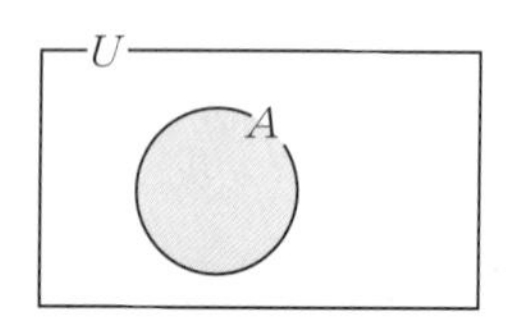

◆事象の確率

33a 1から7までの番号が書かれた7枚のカードから1枚を引くとき，番号が奇数となる確率を求めよ。

33b 赤玉2個，白玉3個，青玉1個が入っている袋から1個の玉を取り出すとき，白玉である確率を求めよ。

◆事象の確率

34a 大，小2個のさいころを同時に投げるとき，次の確率を求めよ。

(1) 目の和が5になる確率

(2) 2個とも3以上になる確率

34b 大，小2個のさいころを同時に投げるとき，次の確率を求めよ。

(1) 目の和が9になる確率

(2) 目の和が10以上になる確率

▶ p.177 補充問題 17

例12 **組合せを利用する確率**

白玉4個と赤玉6個が入っている袋から，同時に3個取り出すとき，次の確率を求めよ。

(1) 3個とも白玉である確率

(2) 白玉2個，赤玉1個である確率

ポイント

10個の玉を区別し，組合せの考え方を利用して場合の数を求める。

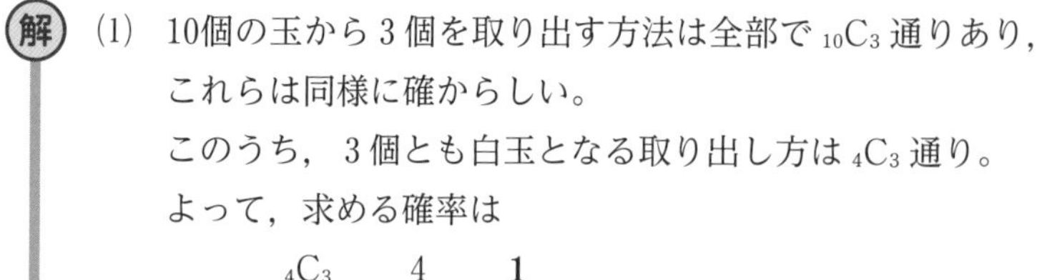

解 (1) 10個の玉から3個を取り出す方法は全部で ${}_{10}C_3$ 通りあり，これらは同様に確からしい。

このうち，3個とも白玉となる取り出し方は ${}_4C_3$ 通り。

よって，求める確率は

$$\frac{{}_4C_3}{{}_{10}C_3}=\frac{4}{120}=\mathbf{\frac{1}{30}}$$

(2) 白玉2個，赤玉1個の取り出し方は ${}_4C_2\times{}_6C_1$ 通り。

よって，求める確率は

$$\frac{{}_4C_2\times{}_6C_1}{{}_{10}C_3}=\frac{6\times6}{120}=\mathbf{\frac{3}{10}}$$

← 4個の白玉から2個取り出すのは ${}_4C_2$ 通り。
6個の赤玉から1個取り出すのは ${}_6C_1$ 通り。

◆**組合せを利用する確率**

35a 赤玉4個と白玉3個が入っている袋から，同時に3個取り出すとき，3個とも赤玉である確率を求めよ。

35b 3本の当たりくじを含む12本のくじがある。この中から同時に4本引くとき，4本ともはずれる確率を求めよ。

◆組合せを利用する確率

36a 赤玉 5 個と白玉 4 個が入っている袋から，同時に 4 個取り出すとき，赤玉 2 個，白玉 2 個である確率を求めよ。

36b A組 3 人とB組 4 人の中から，3 人の委員をくじ引きで選ぶとき，A組 1 人，B組 2 人である確率を求めよ。

◇順列を利用する確率

37a おとな 2 人と子ども 4 人がくじ引きで順番を決め，横 1 列に並ぶとき，おとなが隣り合う確率を求めよ。

37b 1 年生 3 人と 2 年生 2 人がくじ引きで順番を決め，横 1 列に並ぶとき，1 年生が両端にくる確率を求めよ。

ヒント 37 順列の考え方を利用して，場合の数を求める。

▶ p.177 補充問題 18

13 確率の基本的な性質

例13 和事象の確率

次の確率を求めよ。

(1) 赤玉7個と白玉3個が入っている袋から，同時に2個の玉を取り出すとき，それらが同じ色である確率

(2) ジョーカーを除く52枚のトランプから1枚を引くとき，その1枚がダイヤまたはキングである確率

ポイント

(1) 取り出した玉が同じ色になるのは，赤玉2個のときと白玉2個のときで，この2つの事象は互いに排反である。

(2) ダイヤを引く事象とキングを引く事象は互いに排反ではないから，積事象を考慮する。

(1) 2個とも赤玉である事象をA，2個とも白玉である事象をBとすると，求める確率は$P(A\cup B)$である。

ここで $P(A)=\dfrac{{}_7C_2}{{}_{10}C_2}=\dfrac{21}{45}$，$P(B)=\dfrac{{}_3C_2}{{}_{10}C_2}=\dfrac{3}{45}$

←確率の和を求める場合，途中で約分しない方が計算しやすくなることがある。

また，AとBは互いに排反であるから，求める確率は

$$P(A\cup B)=P(A)+P(B)=\frac{21}{45}+\frac{3}{45}=\frac{24}{45}=\boldsymbol{\frac{8}{15}}$$

(2) ダイヤである事象をA，キングである事象をBとすると

$$P(A)=\frac{13}{52},\ P(B)=\frac{4}{52},\ P(A\cap B)=\frac{1}{52}$$

←ダイヤのカードは13枚，キングのカードは4枚。また，$A\cap B$はダイヤのキングという事象である。

よって，求める確率$P(A\cup B)$は

$$P(A\cup B)=P(A)+P(B)-P(A\cap B)$$
$$=\frac{13}{52}+\frac{4}{52}-\frac{1}{52}=\frac{16}{52}=\boldsymbol{\frac{4}{13}}$$

◆排反事象

38a 赤玉2個と白玉2個が入っている袋から，同時に2個の玉を取り出すとき，2個とも赤玉である事象をA，2個とも白玉である事象をB，少なくとも1個は赤玉である事象をCとする。次のうち，互いに排反であるものをすべて答えよ。

AとB，　AとC，　BとC

38b 1から30までの番号が書かれた30枚のカードから1枚を引くとき，番号が，4の倍数である事象をA，5の倍数である事象をB，7の倍数である事象をCとする。次のうち，互いに排反であるものをすべて答えよ。

AとB，　AとC，　BとC

基本事項

(1) 確率の基本的な性質

① どのような事象Aに対しても　$0\leqq P(A)\leqq 1$

② 全事象Uについて　$P(U)=1$　③ 空事象$\varnothing$について　$P(\varnothing)=0$

(2) 確率の加法定理

事象AとBが互いに排反であるとき　$P(A\cup B)=P(A)+P(B)$

(3) 一般の和事象の確率

$P(A\cup B)=P(A)+P(B)-P(A\cap B)$

◆排反事象の確率

39a　赤玉 3 個と白玉 4 個が入っている袋から，同時に 2 個の玉を取り出すとき，それらが同じ色である確率を求めよ。

39b　A組 5 人とB組 3 人の中から，2 人の委員をくじ引きで選ぶとき，2 人ともA組または 2 人ともB組である確率を求めよ。

◆一般の和事象の確率

40a　1 から20までの番号が書かれた20枚のカードから，1 枚を引くとき，番号が 3 の倍数または 5 の倍数である確率を求めよ。

40b　1 から30までの番号が書かれた30枚のカードから，1 枚を引くとき，番号が 4 の倍数または 5 の倍数である確率を求めよ。

14 余事象の確率

例 14 余事象の確率

3枚の硬貨を同時に投げるとき，少なくとも1枚は表が出る確率を求めよ。

ポイント!
「少なくとも1枚は表」は，「1枚以上が表」のこと。その余事象は，「表が1枚より少ない」すなわち「表が0枚（3枚とも裏）」である。

解 「3枚とも裏が出る」事象をAとすると，「少なくとも1枚は表が出る」事象は，Aの余事象$\overline{A}$である。

$P(A)=\dfrac{1}{2^3}=\dfrac{1}{8}$ であるから，求める確率は

$$P(\overline{A})=1-P(A)=1-\frac{1}{8}=\frac{7}{8}$$

U
少なくとも1枚は表が出る
A
3枚とも裏が出る
$\overline{A}$

◆余事象

41a 次の□を適当にうめよ。

(1) 2個のさいころを同時に投げる試行において，「異なる目が出る」事象の余事象は，「□が出る」事象である。

(2) 2枚の硬貨を同時に投げる試行において，「2枚とも裏が出る」事象の余事象は，「少なくとも□が出る」事象である。

41b 次の□を適当にうめよ。

(1) 2個のさいころを同時に投げる試行において，「目の積が偶数である」事象の余事象は，「目の積が□である」事象である。

(2) 3本の当たりくじを含む10本のくじを2本同時に引く試行において，「少なくとも1本は当たる」事象の余事象は，「□はずれる」事象である。

◆余事象の確率

42a 1から20までの番号が書かれた20枚のカードから，1枚を引くとき，4の倍数でないカードを引く確率を求めよ。

42b 1から100までの番号が書かれた100枚のカードから，1枚を引くとき，6で割り切れないカードを引く確率を求めよ。

基本事項 余事象の確率
$\overline{A}$がAの余事象のとき　$P(\overline{A})=1-P(A)$

◆余事象の確率（少なくとも～の形）

43a 次の確率を求めよ。

(1) 2枚の硬貨を同時に投げるとき，少なくとも1枚は裏が出る確率

(2) 赤玉3個，白玉4個が入っている袋から，同時に2個の玉を取り出すとき，少なくとも1個は赤玉である確率

43b 次の確率を求めよ。

(1) 3個のさいころを同時に投げるとき，少なくとも1個は奇数の目が出る確率

(2) 4本の当たりくじを含む12本のくじがある。この中から3本を同時に引くとき，少なくとも1本当たる確率

15 独立な試行の確率，反復試行の確率

例 15 反復試行の確率

サッカー部の選手 a は，1 回のシュートで成功する確率が $\frac{2}{3}$ である。次の確率を求めよ。

(1) 5 回シュートして 4 回だけ成功する確率

(2) 5 回シュートして 4 回以上成功する確率

(2) 4 回成功する場合と 5 回成功する場合があり，これらは互いに排反である。

解 (1) 1 回のシュートで失敗する確率は $1-\frac{2}{3}=\frac{1}{3}$ であるから，

求める確率は

$$ {}_5C_4\left(\frac{2}{3}\right)^4\left(\frac{1}{3}\right)^{5-4}=5\times\left(\frac{2}{3}\right)^4\left(\frac{1}{3}\right)^1=\mathbf{\frac{80}{243}} $$

(2) 5 回シュートして，4 回成功する確率は，(1)より $\frac{80}{243}$

5 回成功する確率は ${}_5C_5\left(\frac{2}{3}\right)^5=\left(\frac{2}{3}\right)^5=\frac{32}{243}$

よって，求める確率は，加法定理により

$$ \frac{80}{243}+\frac{32}{243}=\mathbf{\frac{112}{243}} $$

← 事象 A と B が互いに排反であるとき
$P(A\cup B)=P(A)+P(B)$

◆ 独立な試行の確率

44a 赤玉 3 個と白玉 2 個が入っている袋 A と，赤玉 5 個と白玉 1 個が入っている袋 B がある。袋 A と袋 B の中から 1 個ずつ玉を取り出すとき，2 個とも赤玉が出る確率を求めよ。

44b サッカー部の a，b の 2 人の選手は，ペナルティーキックの成功率がそれぞれ $\frac{7}{8}$，$\frac{3}{5}$ である。2 人が 1 回ずつペナルティーキックをするとき，a が成功し，b が失敗する確率を求めよ。

基本事項

(1) 独立な試行の確率

2 つの試行 T_1 と T_2 が独立であるとき，T_1 で事象 A が起こり，T_2 で事象 B が起こる確率は

$$ P(A)\times P(B) $$

(2) 反復試行の確率

1 回の試行で事象 A が起こる確率を p とする。

この試行を n 回くり返すとき，事象 A が r 回だけ起こる確率は ${}_nC_r\,p^r(1-p)^{n-r}$

◆反復試行の確率

45a 1個のさいころを4回投げるとき，6の目が3回だけ出る確率を求めよ。

45b 1枚の硬貨を6回投げるとき，表が2回だけ出る確率を求めよ。

◆～回以上，以下の確率

46a 赤玉4個と白玉2個が入っている袋から，玉を1個取り出し，色を確認して袋に戻す試行を5回くり返す。このとき，赤玉を4回以上取り出す確率を求めよ。

46b 野球部の選手aは，1回の打席でヒットを打つ確率が $\frac{1}{3}$ である。aが4回打席に入るとき，ヒットが1本以下の確率を求めよ。

16 条件つき確率

例 16 確率の乗法定理

1から9までの番号が書かれた9枚のカードを，a，bの2人が引く。最初にaが1枚引き，それをもとに戻さないで，次にbが1枚引く。このとき，ともに偶数のカードを引く確率を求めよ。

ポイント！
bについては条件つき確率と考え，確率の乗法定理を利用する。

解 aが偶数のカードを引く事象をA，bが偶数のカードを引く事象をBとすると　$P(A)=\frac{4}{9}$，　$P_A(B)=\frac{3}{8}$

よって，求める確率$P(A\cap B)$は乗法定理により

$$P(A\cap B)=P(A)\times P_A(B)=\frac{4}{9}\times\frac{3}{8}=\mathbf{\frac{1}{6}}$$

← 偶数のカードは，2，4，6，8の4枚ある。
aが偶数のカードを引いたとき，残りの偶数のカードは全部で(4−1)枚ある。

◆条件つき確率

47a 赤玉3個と白玉4個が入っている袋がある。赤玉には1，2，3の番号が，白玉には4，5，6，7の番号が書いてある。この袋から1個の玉を取り出すとき，次の確率を求めよ。

(1) 取り出した玉が赤玉であることがわかったとき，それが偶数である確率

(2) 取り出した玉が偶数であることがわかったとき，それが赤玉である確率

47b 1から20までの番号が書かれた20枚のカードから，1枚を引くとき，次の確率を求めよ。

(1) 引いたカードが奇数であるとわかったとき，そのカードが3の倍数である確率

(2) 引いたカードが3の倍数であるとわかったとき，そのカードが奇数である確率

基本事項

(1) 条件つき確率
事象Aが起こったときに事象Bが起こる確率を，Aが起こったときのBが起こる条件つき確率といい，$P_A(B)$で表す。

$$P_A(B)=\frac{n(A\cap B)}{n(A)}$$

(2) 確率の乗法定理

$$P(A\cap B)=P(A)\times P_A(B)$$

◆確率の乗法定理

48a 赤玉４個と白玉２個が入っている袋から，最初にａが１個取り出し，それをもとに戻さないで，次にｂが１個取り出す。このとき，２人とも赤玉を取り出す確率を求めよ。

48b ３本の当たりくじを含む12本のくじを，ａ，ｂの２人が引く。最初にａが１本引き，それをもとに戻さないで，次にｂが１本引く。このとき，ａが当たり，ｂがはずれる確率を求めよ。

◇確率の乗法定理（加法定理の利用）

49a ４本の当たりくじを含む10本のくじを，ａ，ｂの２人が引く。最初にａが１本引き，それをもとに戻さないで，次にｂが１本引く。このとき，次の確率を求めよ。

(1)　ａが当たる確率

(2)　ｂが当たる確率

49b ３本の当たりくじを含む10本のくじを，ａ，ｂの２人が引く。最初にａが１本引き，それをもとに戻さないで，次にｂが１本引く。次の確率を求めよ。

(1)　ａが当たる確率

(2)　ａ，ｂのいずれか１人だけが当たる確率

ヒント 49　**a**　(2)「ａもｂも当たる」場合と「ａがはずれｂが当たる」場合に分けて考える。
b　(2)「ａが当たりｂがはずれる」場合と「ａがはずれｂが当たる」場合に分けて考える。

17 期待値

例17 期待値

赤玉4個と白玉3個が入っている袋から2個の玉を同時に取り出す。このとき，赤玉が出る個数の期待値を求めよ。

ポイント!
赤玉の個数とそれぞれの確率についてまとめた表を作る。

解 赤玉が出る個数は，0個，1個，2個のいずれかである。
それぞれの事象が起こる確率は次の通りである。

$$\frac{{}_3C_2}{{}_7C_2}=\frac{3}{21},\quad \frac{{}_4C_1\times{}_3C_1}{{}_7C_2}=\frac{12}{21},\quad \frac{{}_4C_2}{{}_7C_2}=\frac{6}{21}$$

よって，求める期待値は

$$0\times\frac{3}{21}+1\times\frac{12}{21}+2\times\frac{6}{21}=\frac{8}{7}\text{（個）}$$

赤玉の数	0	1	2	計
確率	$\frac{3}{21}$	$\frac{12}{21}$	$\frac{6}{21}$	1

◆期待値

50a 総数200本のくじに，右のような賞金がついている。このくじを1本引いて得られる賞金の期待値を求めよ。

	賞金	本数
1等	10000円	5本
2等	5000円	10本
3等	1000円	20本
4等	500円	50本
はずれ	0円	115本
計		200本

賞金	10000円	5000円	1000円	500円	0円	計
確率						1

50b さいころを1回投げて，1の目が出たら100円，2か3の目が出たら70円，それ以外の目が出たら10円もらえるものとする。さいころを1回投げるとき，受け取る金額の期待値を求めよ。

金額	100円	70円	10円	計
確率				1

基本事項 期待値

x が x_1，x_2，x_3，……，x_n のいずれかの値をとり，これらの値をとる確率がそれぞれ p_1，p_2，p_3，……，p_n であるとき

$$x_1p_1+x_2p_2+x_3p_3+\cdots\cdots+x_np_n$$

の値を x の 期待値 という。
ただし $p_1+p_2+p_3+\cdots\cdots+p_n=1$

x の値	x_1	x_2	x_3	……	x_n	計
確率	p_1	p_2	p_3	……	p_n	1

◆期待値

51a 赤玉２個と白玉３個が入っている袋から２個の玉を同時に取り出す。このとき，赤玉が出る個数の期待値を求めよ。

51b ３本の当たりくじを含む10本のくじがある。このくじを２本同時に引くとき，当たりくじの本数の期待値を求めよ。

◆有利不利の判断

52a 総数1000本のくじに，右のような賞金がついている。このくじが１本30円で売られているとき，このくじを買うことは有利か。

賞金	本数
10000円	１本
1000円	10本
100円	50本
はずれ	939本
計	1000本

52b １枚の硬貨を２回投げて，２回とも表が出たら100円，２回とも裏が出たら50円，その他の場合は10円もらえるゲームがある。このゲームに40円はらって参加することは有利か。

18 三角形と比

例 18 平行線と線分の比

右の図において，PQ∥BC であるとき，x，yを求めよ。

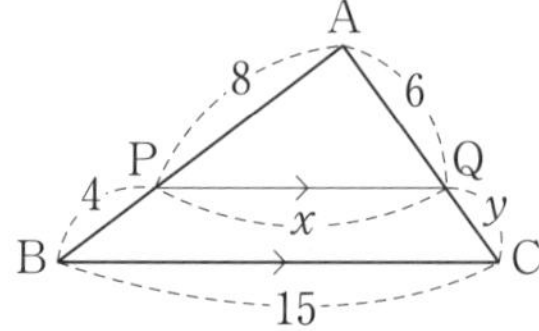
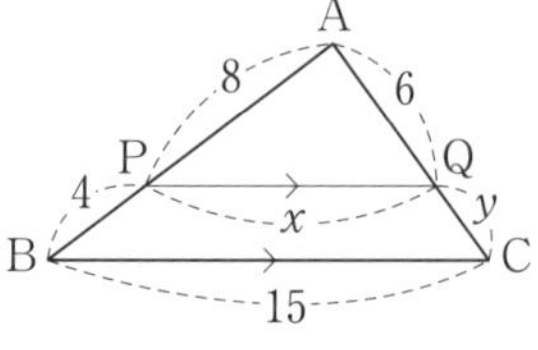

解 AP：AB＝PQ：BC であるから

$8:(8+4)=x:15$

よって　$12x=120$

したがって　$\boldsymbol{x=10}$

また，AP：PB＝AQ：QC であるから

$8:4=6:y$

よって　$8y=24$

したがって　$\boldsymbol{y=3}$

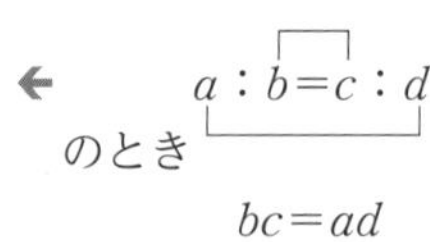
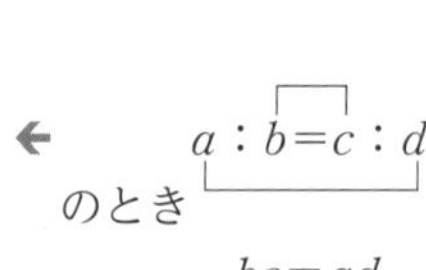

△APQ∽△ABC であることに着目して，等しい辺の比を読みとる。

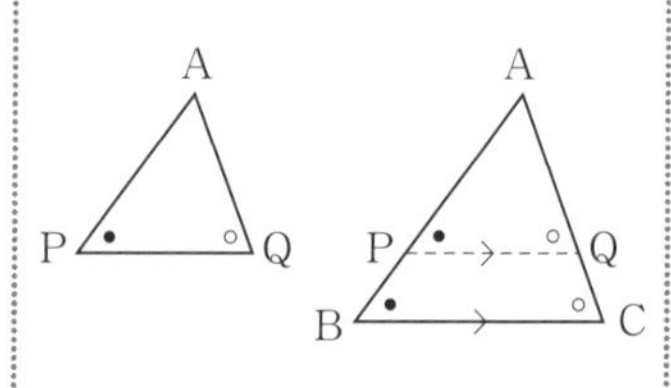

AP：AB＝PQ：BC
AP：PB＝AQ：QC

◆平行線と線分の比

53a 次の図において，PQ∥BC であるとき，x，yを求めよ。

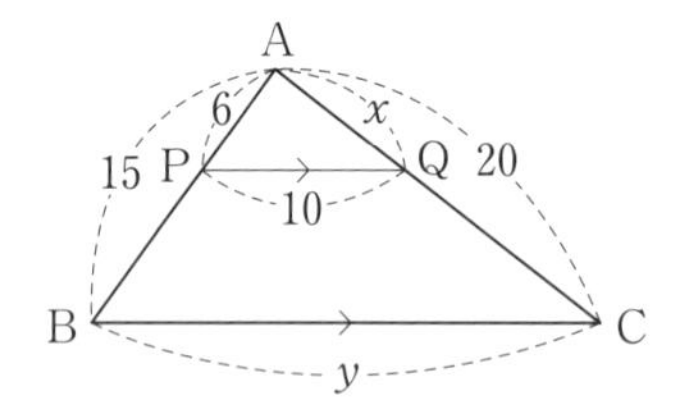

53b 次の図において，PQ∥BC であるとき，x，yを求めよ。

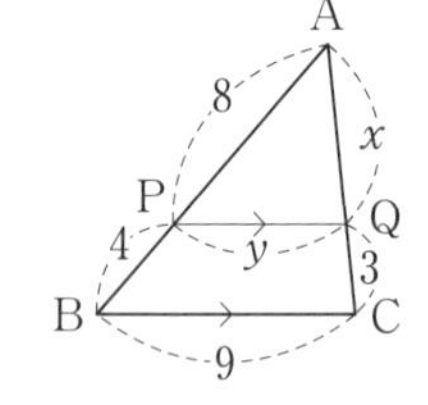

基本事項 平行線と線分の比

△ABC の辺 AB，AC 上またはその延長上にそれぞれ点P，Qがあるとき，PQ∥BC ならば

① AP：AB＝AQ：AC
② AP：AB＝PQ：BC
③ AP：PB＝AQ：QC

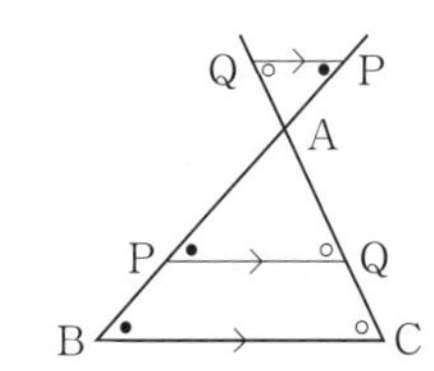

◆平行線と線分の比

54a 次の図において，PQ∥BC であるとき，x，yを求めよ。

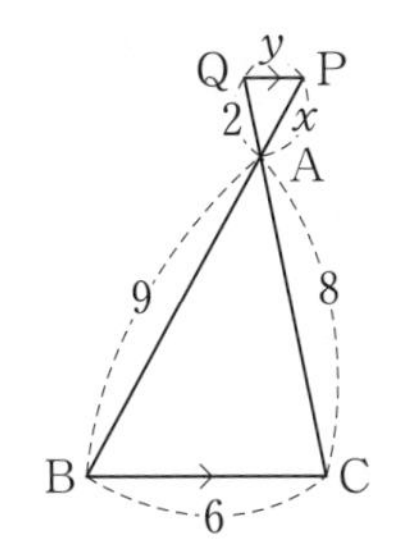

54b 次の図において，PQ∥BC であるとき，x，yを求めよ。

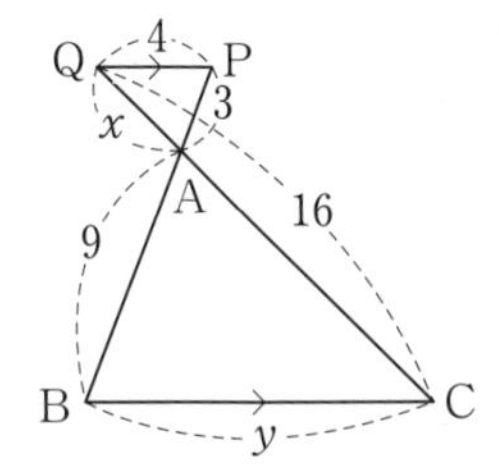

◆線分の内分と外分

55a 次の点を下の数直線に図示せよ。

(1) 線分 AB を 1：3 に内分する点P (2) 線分 AB を 2：3 に外分する点Q (3) 線分 AB の 中点M

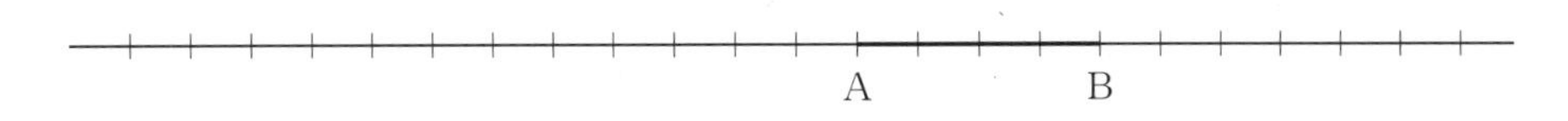

55b 次の点を下の数直線に図示せよ。

(1) 線分 AB を 2：1 に内分する点P (2) 線分 AB を 3：2 に外分する点Q (3) 線分 AB の 中点M

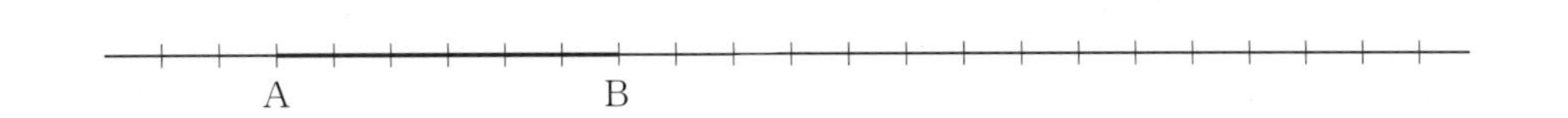

19 三角形の角の二等分線と線分の比

例 19 角の二等分線と線分の比

右の図の △ABC において，AP が ∠A の二等分線，AQ が ∠A の外角の二等分線であるとき，次の線分の長さを求めよ。

(1) BP　　　(2) CQ

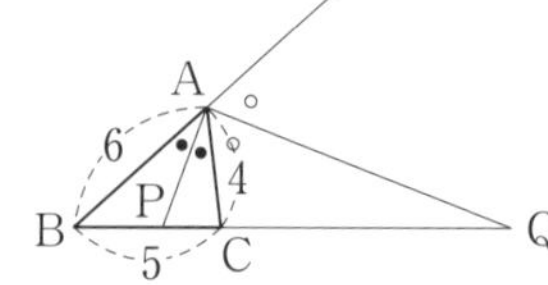

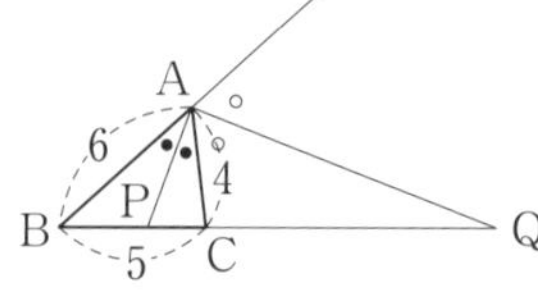

(1) BP$=x$ とおくと PC$=5-x$
BP：PC＝AB：AC に代入して x の値を求める。

(2) CQ$=y$ とおくと BQ$=5+y$
BQ：QC＝AB：AC に代入して y の値を求める。

解 (1) BP$=x$ とすると，BP：PC＝AB：AC であるから

$x:(5-x)=6:4$

よって　$6(5-x)=4x$

したがって　$x=3$　　すなわち　**BP＝3**

(2) CQ$=y$ とすると，BQ：QC＝AB：AC であるから

$(5+y):y=6:4$

よって　$6y=4(5+y)$

したがって　$y=10$　　すなわち　**CQ＝10**

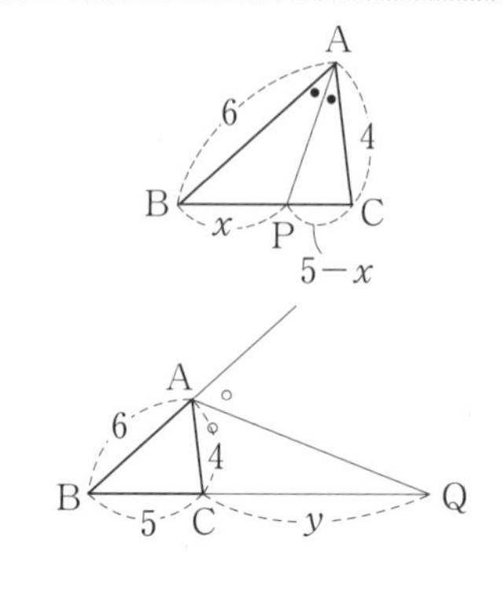

◆内角の二等分線と線分の比

56a 次の図の △ABC において，AP が ∠A の二等分線であるとき，x を求めよ。

(1)

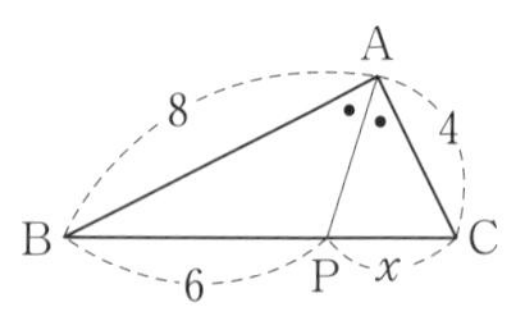

(2)

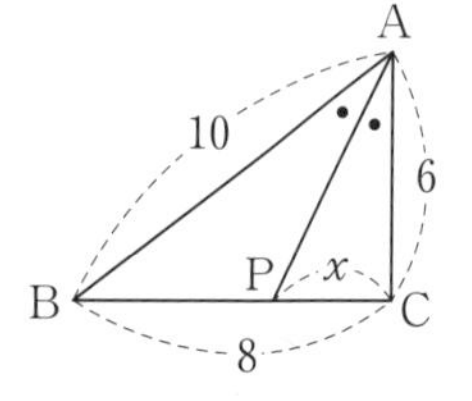

56b 次の図の △ABC において，BP が ∠B の二等分線であるとき，x を求めよ。

(1)

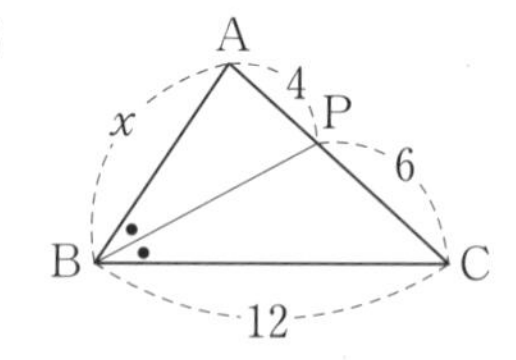

(2)

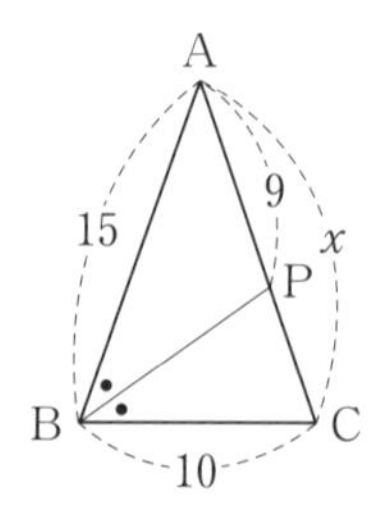

基本事項

(1) 内角の二等分線と線分の比
△ABC の ∠A の二等分線と辺 BC との交点を P とすると
BP：PC＝AB：AC

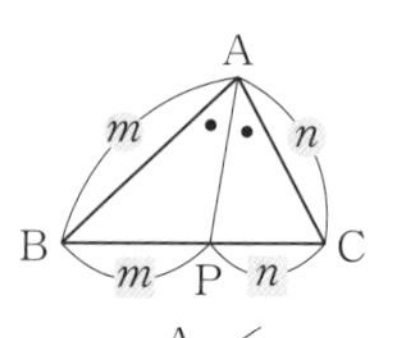

(2) 外角の二等分線と線分の比
AB≠AC である △ABC において，∠A の外角の二等分線と辺 BC の延長との交点を Q とすると
BQ：QC＝AB：AC

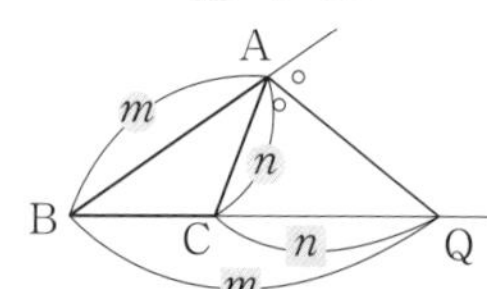

◆外角の二等分線と線分の比

57a 次の図の△ABCにおいて，AQが∠Aの外角の二等分線であるとき，xを求めよ。

(1)

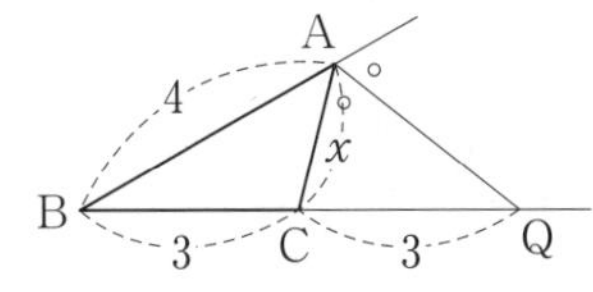

(2)

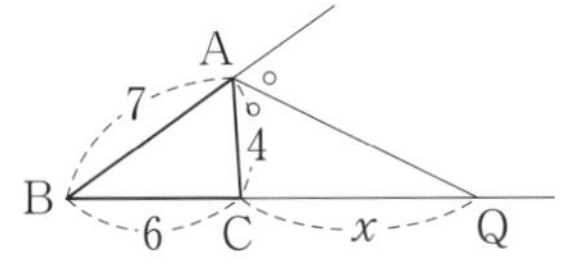

57b 次の図の△ABCにおいて，AQが∠Aの外角の二等分線であるとき，xを求めよ。

(1)

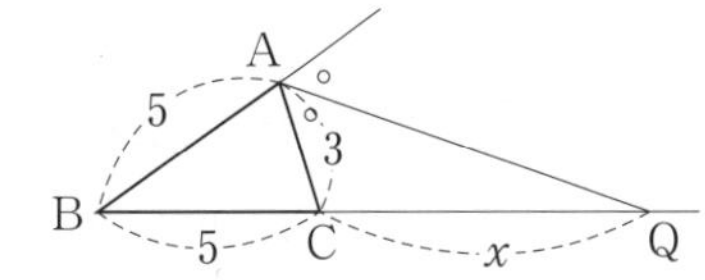

(2)

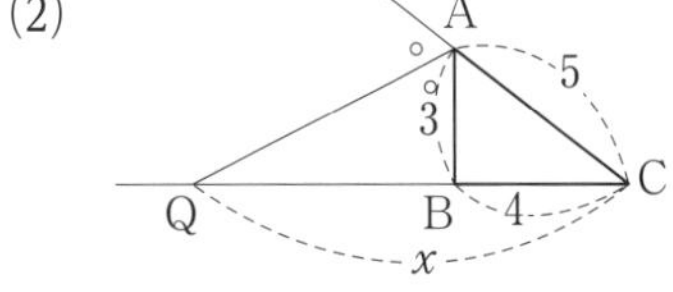

◆角の二等分線と線分の比

58a 次の図の△ABCにおいて，APが∠Aの二等分線，AQが∠Aの外角の二等分線であるとき，線分BP，CQの長さを求めよ。

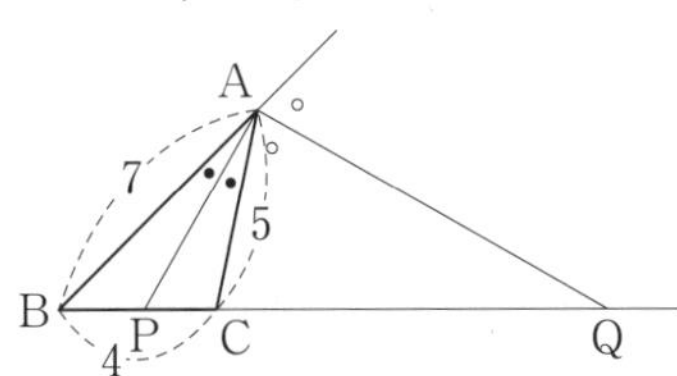

58b 次の図の△ABCにおいて，APが∠Aの二等分線，AQが∠Aの外角の二等分線であるとき，線分PC，BQの長さを求めよ。

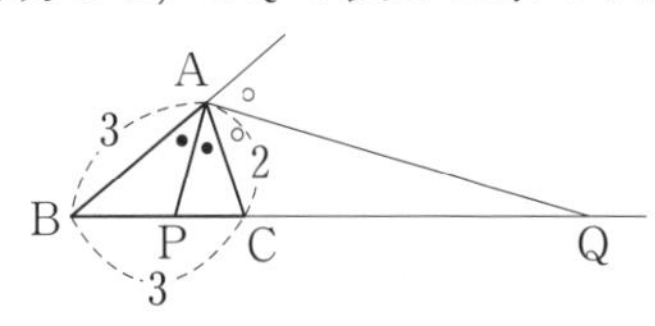

▶ p.178 補充問題 19

20 三角形の外心・内心

例 20 三角形の外心の性質

右の図の点Oは △ABC の外心である。
x を求めよ。

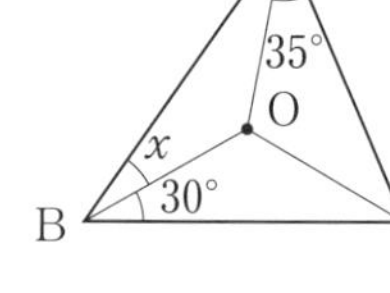

ポイント! OA=OB=OC であることを利用する。

解 外心Oは，△ABC の頂点を通る円の中心であるから ← 点Oは，△ABC の外接円の中心である。

$OA=OB=OC$

これより，△OAB，△OBC，△OCA は二等辺三角形である。
二等辺三角形の底角は等しいから

$\angle OAB=\angle OBA=x$
$\angle OCB=\angle OBC=30°$
$\angle OCA=\angle OAC=35°$

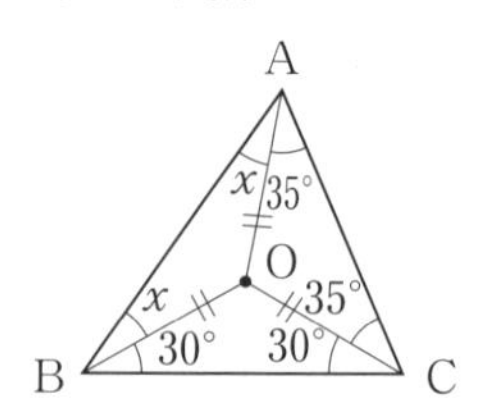

△ABC の内角の和は 180° であるから

$(x+35°)+(x+30°)+(30°+35°)=180°$ ← $\angle A+\angle B+\angle C=180°$

整理すると $2x=50°$ よって $\boldsymbol{x=25°}$

◆三角形の外心の性質

59a 次の図の点Oは △ABC の外心である。x を求めよ。

(1)

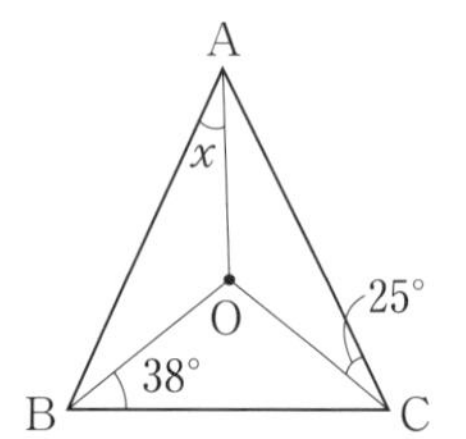

(2)

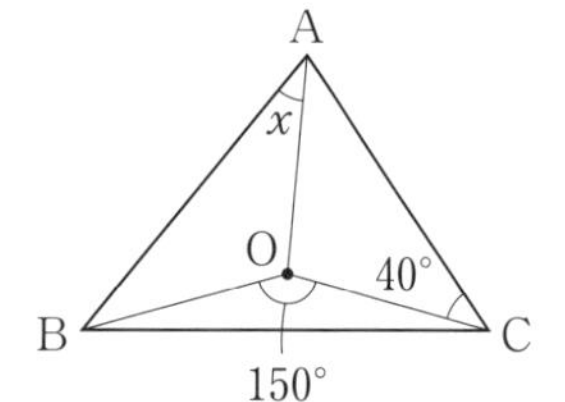

59b 次の図の点Oは △ABC の外心である。x を求めよ。

(1)

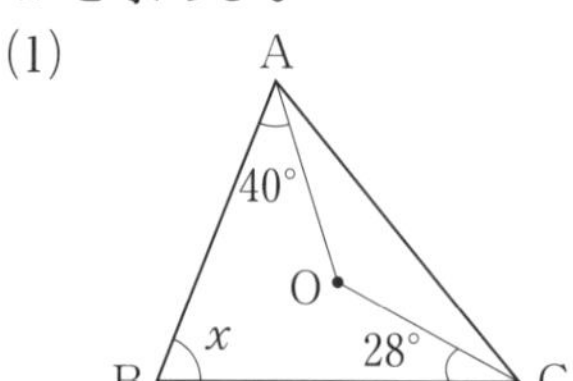

(2)

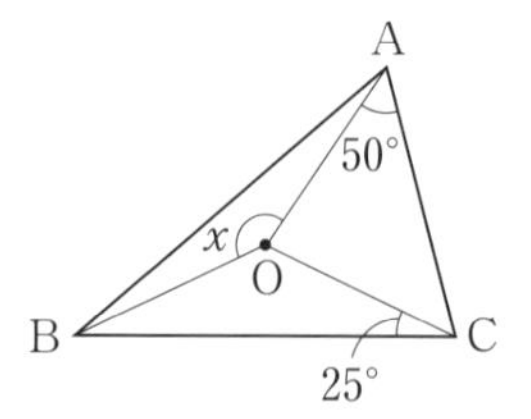

基本事項

(1) 三角形の外心

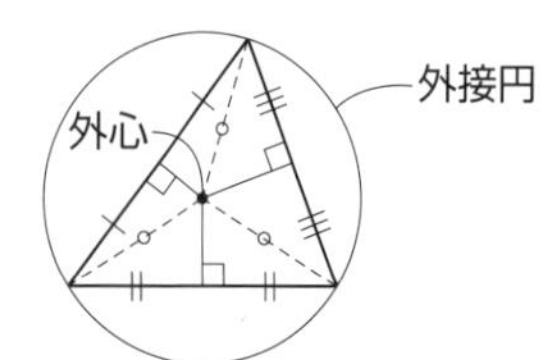

(2) 三角形の内心

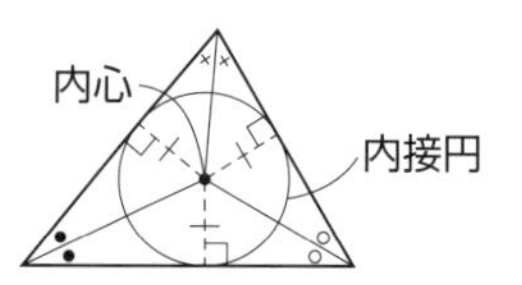

◆三角形の内心の性質

60a 次の図の点Ｉは△ABCの内心である。xを求めよ。

(1)

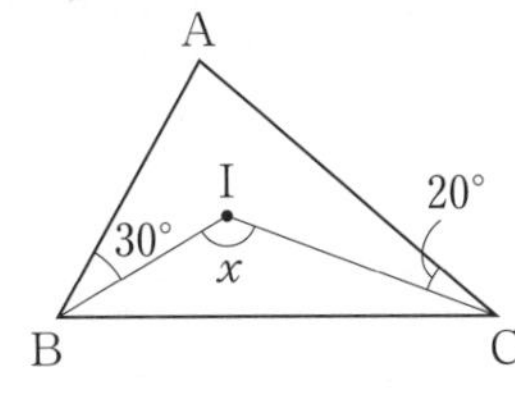

(2)

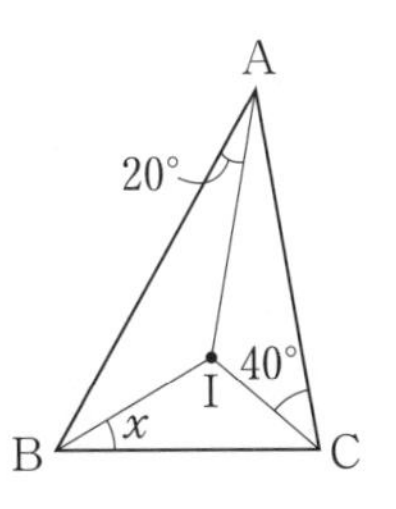

(3)

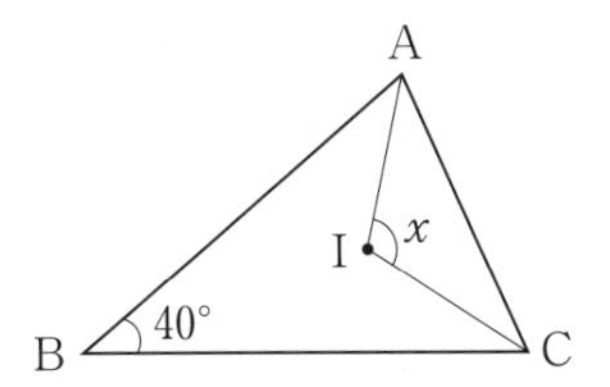

60b 次の図の点Ｉは△ABCの内心である。xを求めよ。

(1)

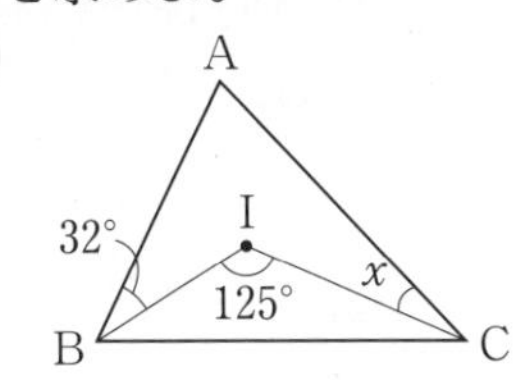

(2)

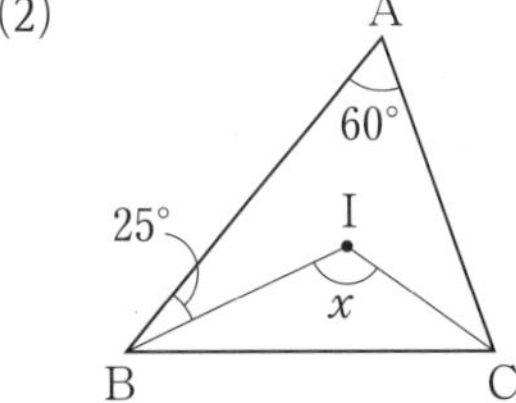

(3)

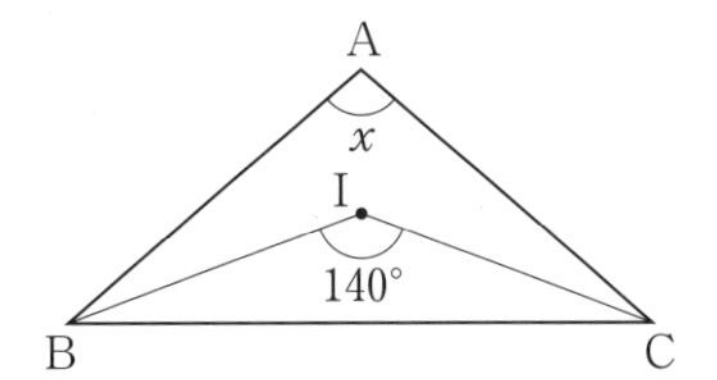

21 三角形の重心

例 21 線分の長さ

右の図において，線分 AD，PQ は △ABC の重心 G を通り，PQ∥BC である。x，y を求めよ。

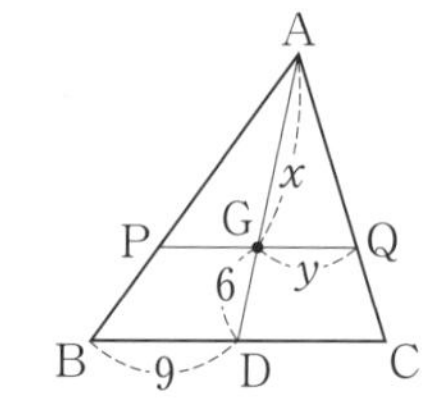

ポイント!
点Gが重心であることと，平行線と線分の比の関係を利用する。

解 点G は △ABC の重心であるから

AG：GD＝2：1

よって　x：6＝2：1

したがって　$\boldsymbol{x=12}$

また，点Dは辺 BC の中点であるから　DC＝9　←BD＝DC

GQ∥DC であるから　AG：AD＝GQ：DC　←平行線と線分の比の関係

AG：AD＝2：3 であるから　GQ：DC＝2：3

よって　y：9＝2：3　　$3y=18$

したがって　$\boldsymbol{y=6}$

◆重心

61a 次の図において，点Gは △ABC の重心である。x，y を求めよ。

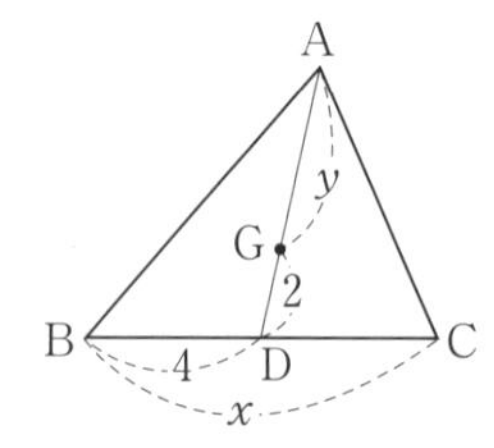

61b 次の図において，点Gは △ABC の重心である。x，y を求めよ。

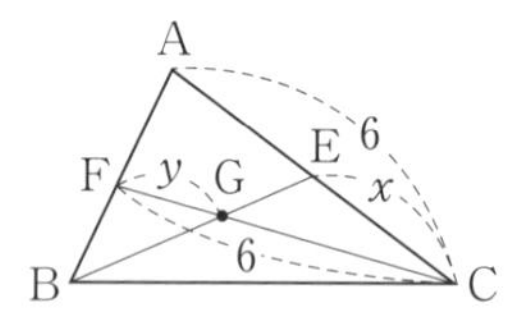

基本事項　三角形の重心

① 三角形の 3 本の中線は 1 点で交わる。この点を重心という。

② 重心は，3 本の中線をそれぞれ 2：1 に内分する。

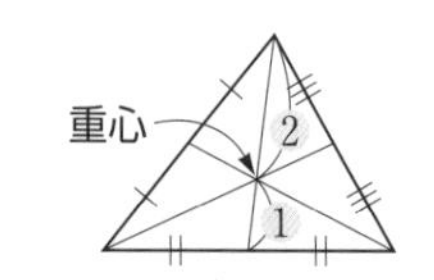

◆線分の長さ

62a 次の図において，線分AD，PQは△ABCの重心Gを通り，PQ∥BCである。次のものを求めよ。

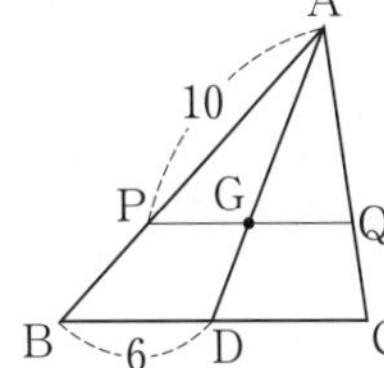

(1) AG：AD

(2) ABの長さ

(3) PGの長さ

62b 次の図において，線分AD，PQは△ABCの重心Gを通り，PQ∥BCである。次のものを求めよ。

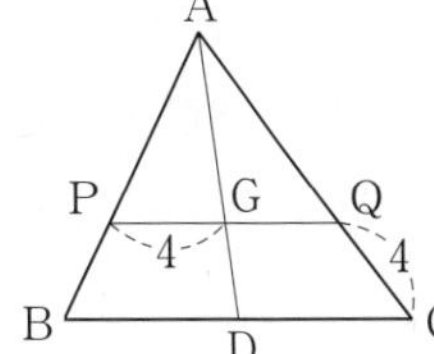

(1) AQ：QC

(2) AQの長さ

(3) BCの長さ

22 円周角の定理

例 22 円周角の定理とその逆

右の図において，点Oは円の中心である。次の問いに答えよ。

(1) x を求めよ。

(2) 4点O，A，B，Cは同一円周上にあるか。

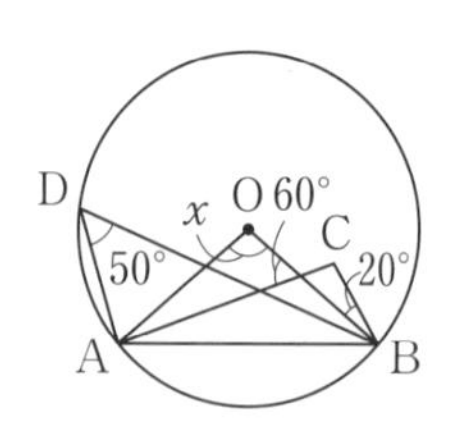

ポイント！

(1) 弧ABに対する円周角と中心角を考える。

(2) ∠AOBと∠ACBが等しいかどうかを調べる。

(1) $x=2\times50°=$ **100°**

(2) OBとACの交点をPとすると

$\angle CPB=60°$

$\triangle CPB$ において

$\angle PCB=180°-(60°+20°)=100°$

よって　$\angle AOB=\angle ACB$

したがって，円周角の定理の逆により，4点O，A，B，Cは同一円周上にある。

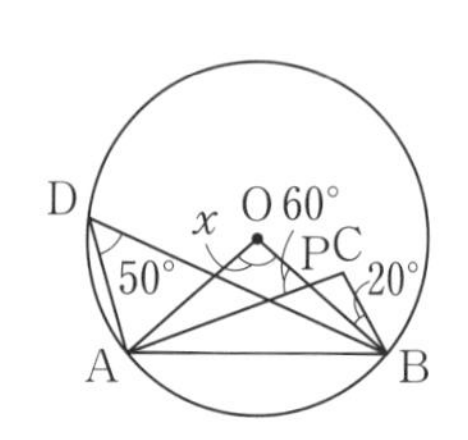

← 弧ABに対する円周角と中心角の関係

← $\angle CPB=\angle OPA$（対頂角）

← (1)から　$\angle AOB=100°$

◆円周角の定理

63a 次の図において，点Oは円の中心である。x，y を求めよ。

(1)

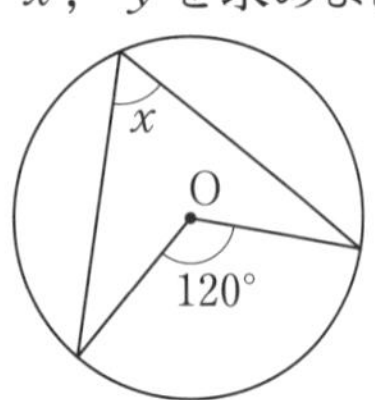

(2)

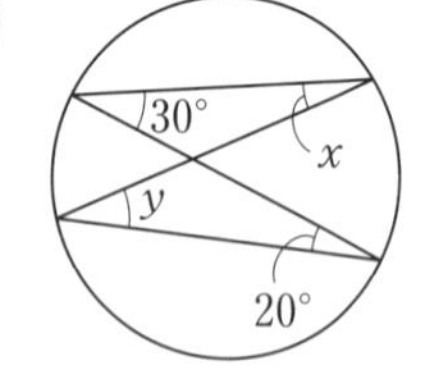

63b 次の図において，点Oは円の中心である。x，y を求めよ。

(1)

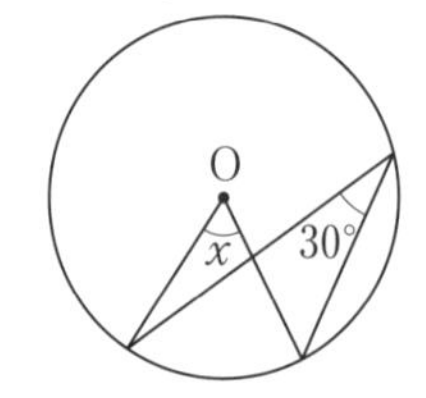

(2)

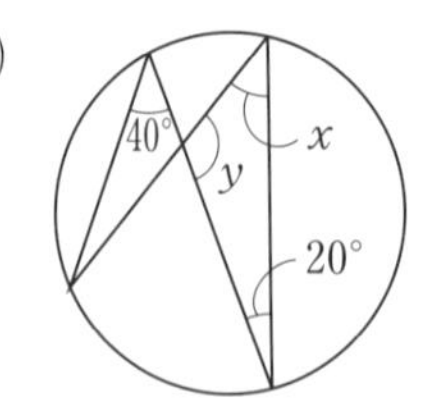

基本事項

(1) 円周角の定理

① 1つの弧に対する円周角の大きさは，その弧に対する中心角の半分である。

② 同じ弧に対する円周角の大きさは等しい。

(2) 円周角の定理の逆

2点C，Dが直線ABについて同じ側にあるとき，$\angle ACB=\angle ADB$ ならば，4点A，B，C，Dは同一円周上にある。

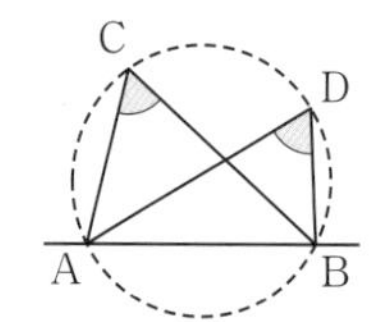

◆円周角の定理

64a 次の図において，点Oは円の中心である。x，yを求めよ。

(1)

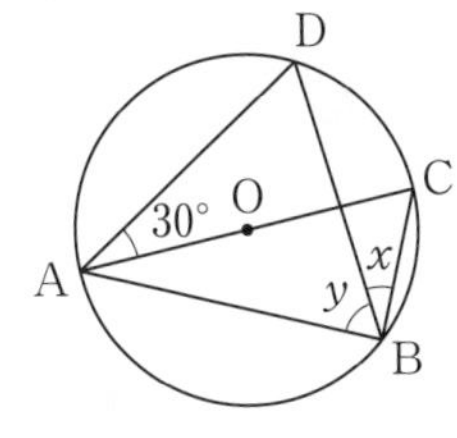

(2)

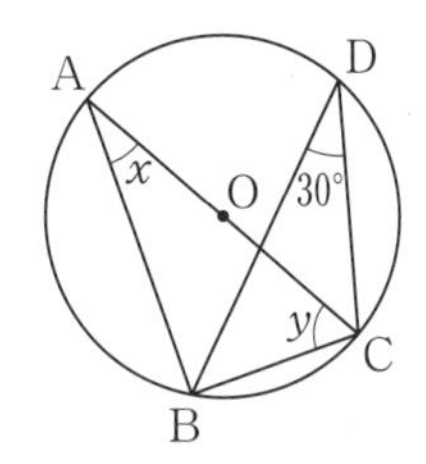

64b 次の図において，点Oは円の中心である。x，yを求めよ。

(1)

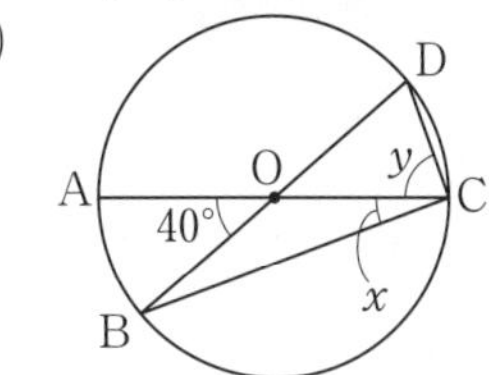

(2)

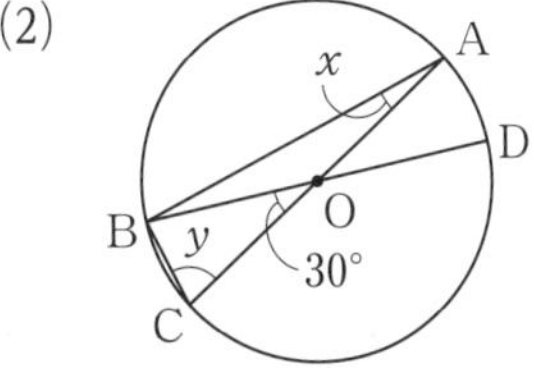

◆円周角の定理の逆

65a 次の図において，4点A，B，C，Dは同一円周上にあるか。

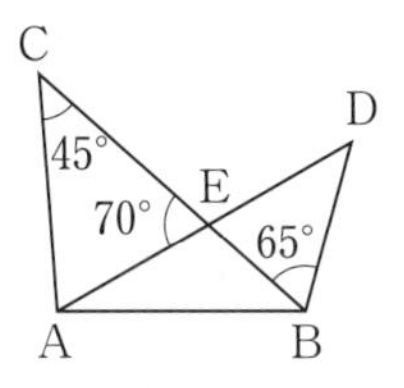

65b 次の図において，4点A，B，C，Dは同一円周上にあるか。

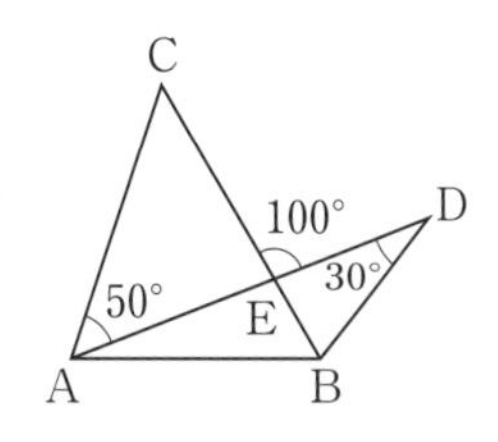

23 円に内接する四角形

例 23　円に内接する四角形

右の図において，次の問いに答えよ。

(1)　x，y を求めよ。

(2)　四角形CEFDは円に内接するか。

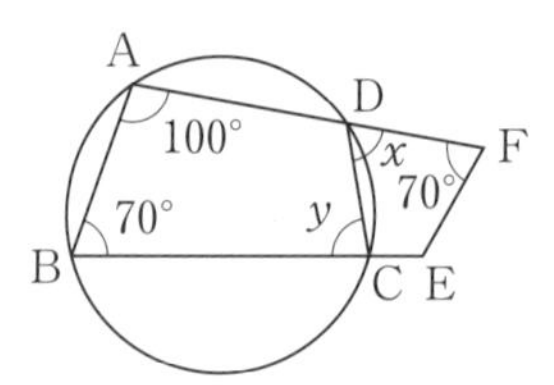

ポイント！

(2)　1つの内角が，その対角の外角に等しいかどうかを調べる。

(1)　四角形ABCDは円に内接しているから

$\boldsymbol{x}=\angle\mathrm{ABC}=\mathbf{70^\circ}$

また，$y+100^\circ=180^\circ$ より

$\boldsymbol{y}=180^\circ-100^\circ=\mathbf{80^\circ}$

(2)　四角形CEFDにおいて，$\angle\mathrm{EFD}\neq y$ であるから，四角形CEFDは**円に内接しない。**

←内角は，その対角の外角に等しい。

←対角の和は180°である。

←∠EFDの対角の外角は∠BCDである。

◆円に内接する四角形

66a　次の図において，x，y を求めよ。

(1)

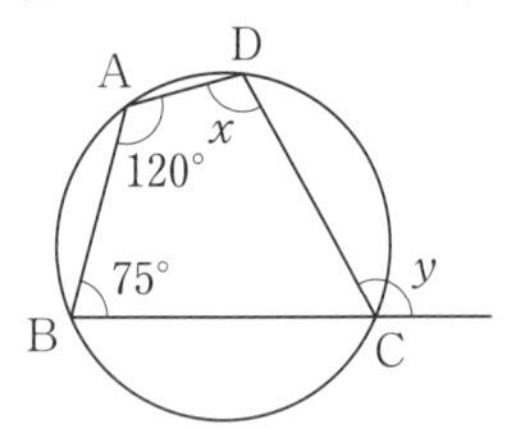

(2)

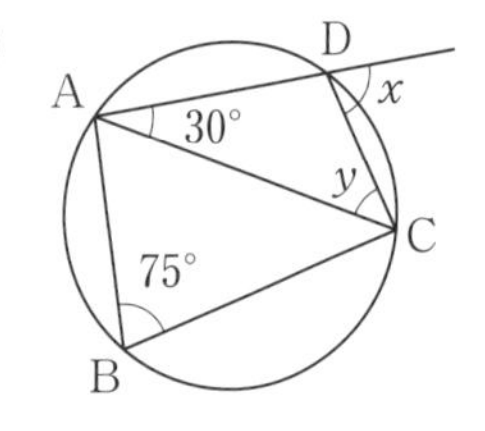

66b　次の図において，x，y を求めよ。

(1)

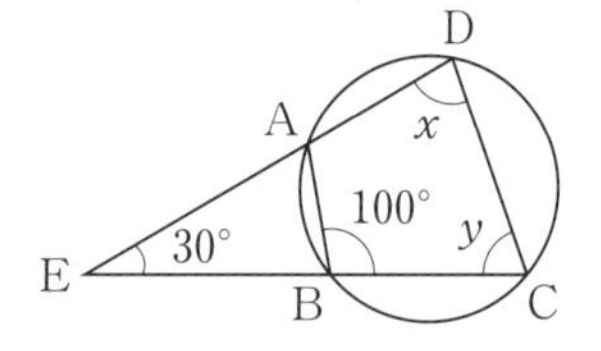

(2)

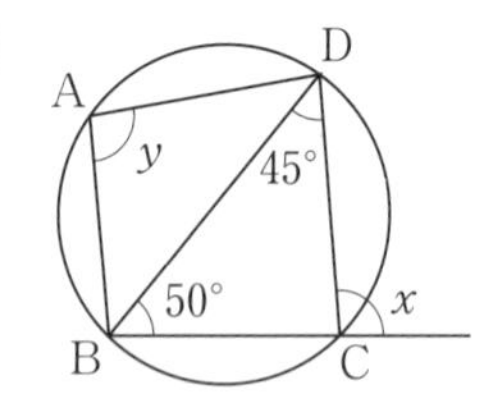

基本事項

(1)　**円に内接する四角形**

四角形が円に内接するならば，

①　対角の和は180°である。

②　内角は，その対角の外角に等しい。

(2)　**四角形が円に内接する条件**

次のいずれかが成り立つとき，四角形は円に内接する。

①　1組の対角の和が180°である。

②　1つの内角が，その対角の外角に等しい。

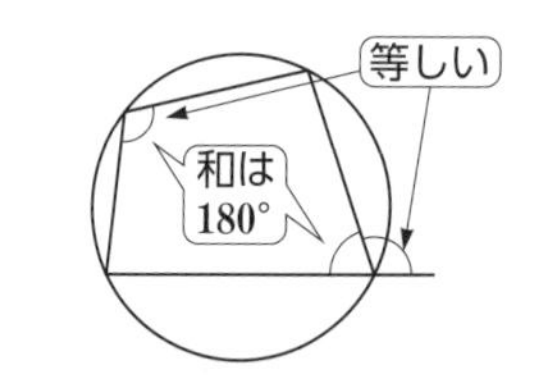

◆円に内接する四角形と円周角

67a 次の図において，点Oは円の中心である。x，yを求めよ。

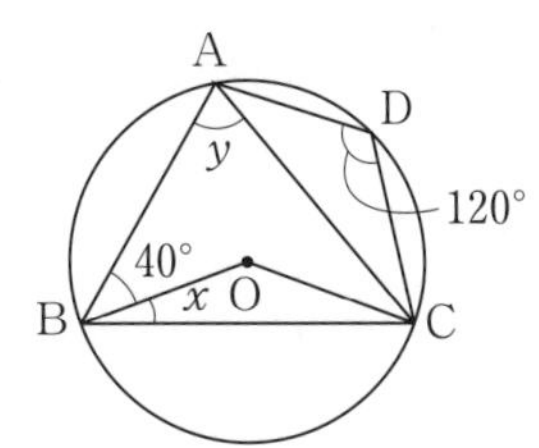

67b 次の図において，点Oは円の中心である。x，yを求めよ。

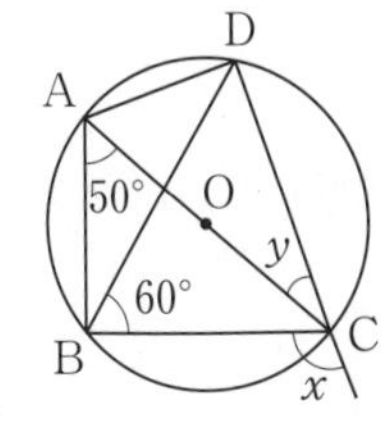

◆四角形が円に内接する条件

68a 次の四角形 ABCD は円に内接するか。

(1)

A D
125°
55°
B C

(2)

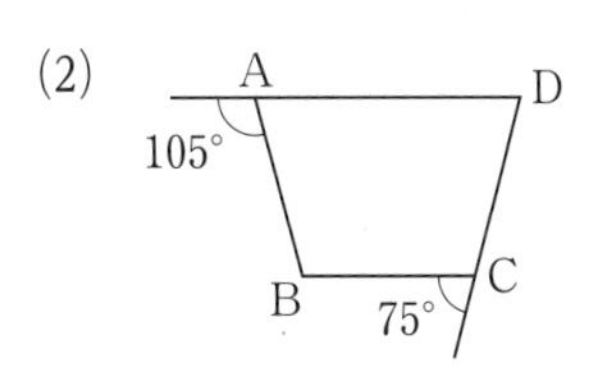

68b 次の四角形 ABCD は円に内接するか。

(1)

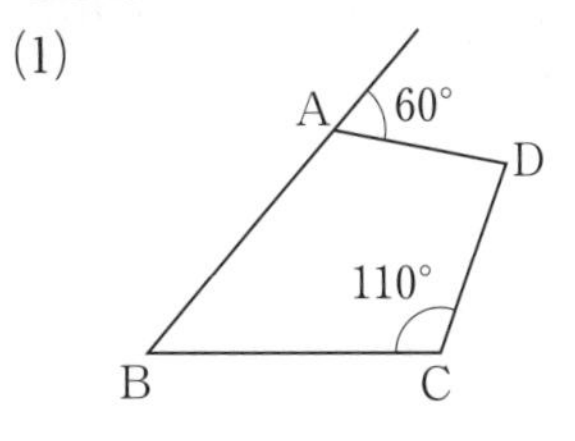

(2)

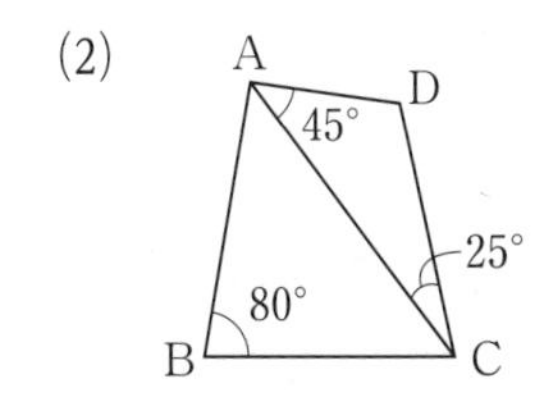

▶ p.178 補充問題 20

24 円と接線

例24 円の接線と弦の作る角

右の図において，直線 AT が点Aで円に接しているとき，x，y を求めよ。

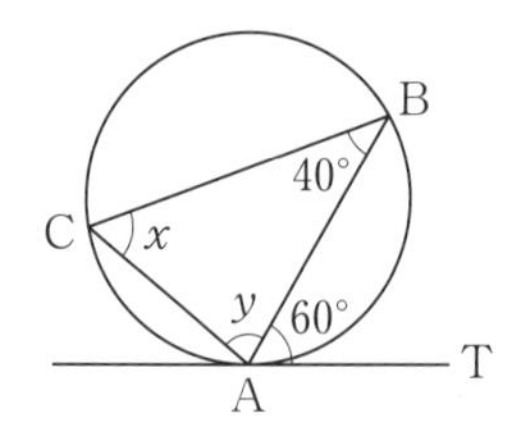

ポイント!
接線と弦の作る角(∠BAT)内にある弧に対する円周角は∠ACB

円の接線と弦の作る角の性質により

$\boldsymbol{x=60°}$

△ABC の内角の和は 180° であるから　← $x+y+40°=180°$

$\boldsymbol{y}=180°-(60°+40°)=\boldsymbol{80°}$

◆円の接線の長さ

69a 次の図において，点 D，E，F は△ABC の各辺と内接円Oとの接点である。次の線分の長さを求めよ。

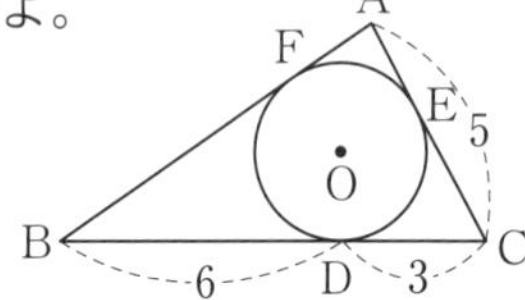

(1) BF

(2) AE

(3) AB

69b 次の図において，点P，Q，R，Sは円Oが四角形 ABCD の各辺と接するときの接点である。次の線分の長さを求めよ。

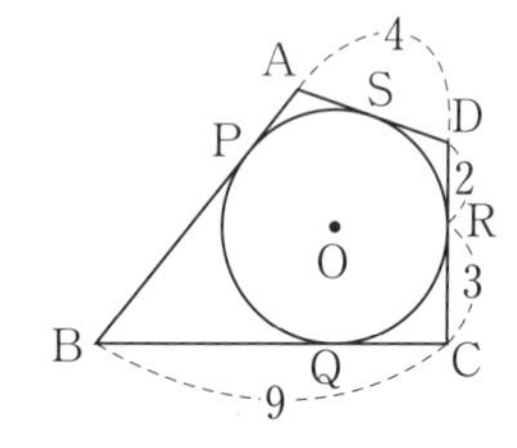

(1) AS

(2) BQ

(3) AB

基本事項

(1) **接線の長さ**
円外の点Pから，その円に引いた 2 本の接線の長さ PA，PB は等しい。
PA＝PB

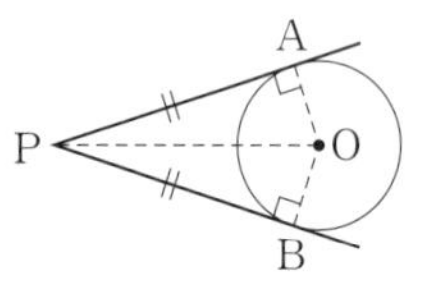

(2) **円の接線と弦の作る角の性質**
円の接線と接点を通る弦の作る角は，この角の内部にある弧に対する円周角に等しい。
∠BAT＝∠ACB

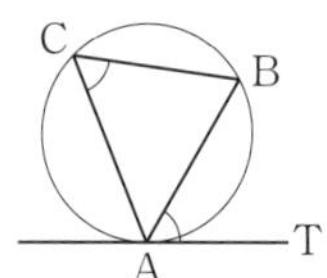

◆円の接線と弦の作る角の性質

70a 次の図において，直線 AT が点Aで円に接しているとき，x，y を求めよ。

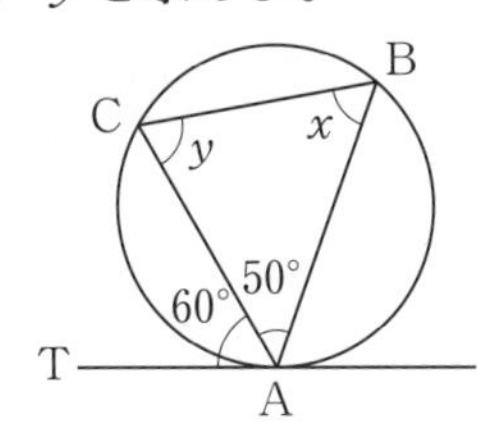

70b 次の図において，直線 AT が点Aで円に接しているとき，x，y を求めよ。

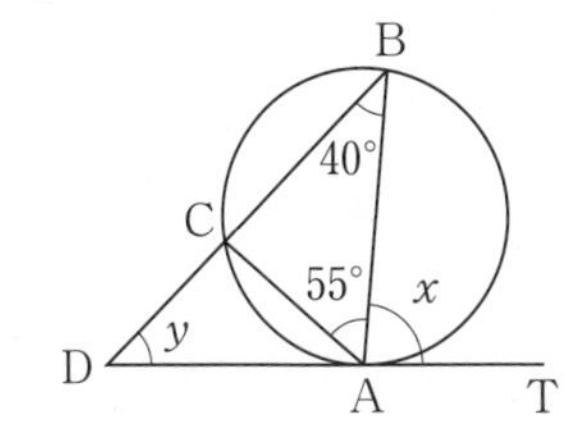

◆円の接線と弦の作る角の性質

71a 次の図において，x，y を求めよ。ただし，(1)で直線 AT は点Aで円に接している。また，(2)で直線 PA，PB はそれぞれ点A，Bで円Oに接している。

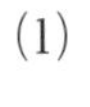
(1)

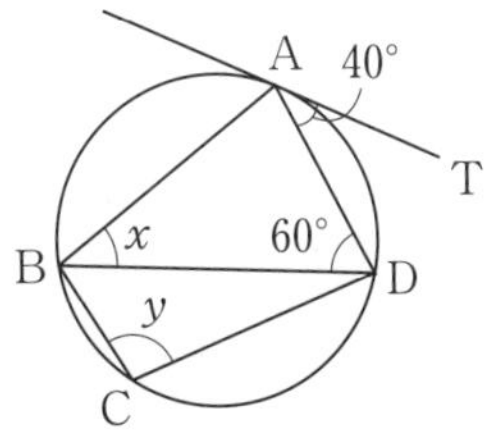

(2)

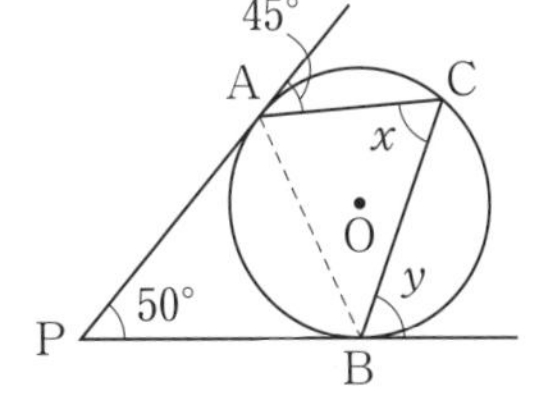

71b 次の図において，x，y を求めよ。ただし，直線 AT は点Aで円に接している。また，(1)で点Oは円の中心，(2)で AB＝DB とする。

(1)

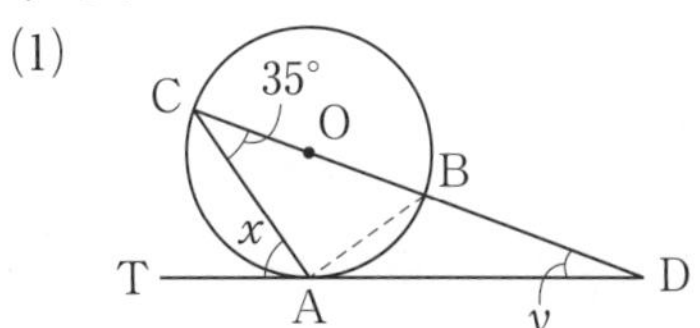

(2)

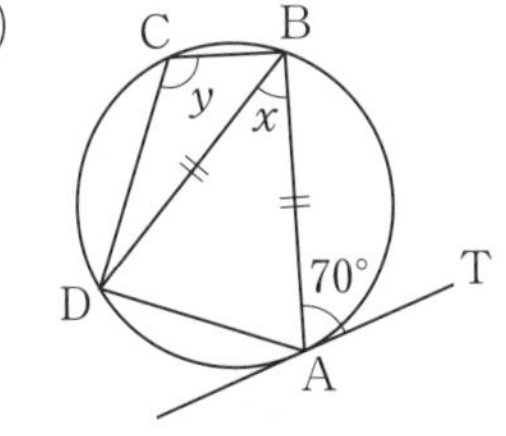

▶ p.178 補充問題 21

25 方べきの定理

例 25 方べきの定理

次の図において，x を求めよ。

(1)

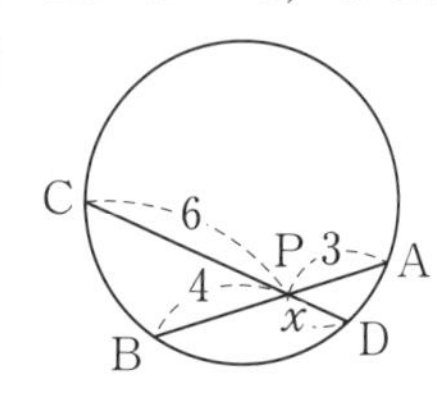

(2)

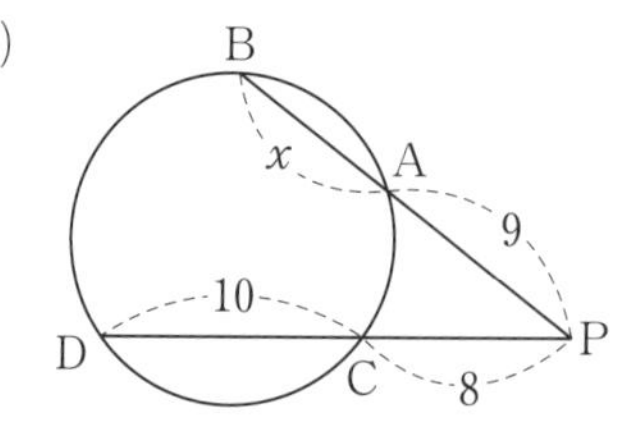

ポイント

方べきの定理

PA・PB＝PC・PD

は，点Pが円の内部でも外部でも成り立つ。

解 (1) 方べきの定理により，PA・PB＝PC・PD であるから

$3\cdot4=6\cdot x$

よって　$\boldsymbol{x=2}$

(2) 方べきの定理により，PA・PB＝PC・PD であるから

$9(9+x)=8(8+10)$

$9+x=16$

よって　$\boldsymbol{x=7}$

← $9(9+x)=8\cdot18$ の両辺を 9 で割る。

◆点Pが円の内部の場合

72a 次の図において，x を求めよ。

(1)

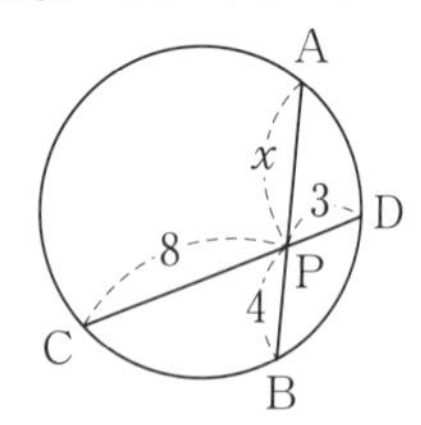

(2)

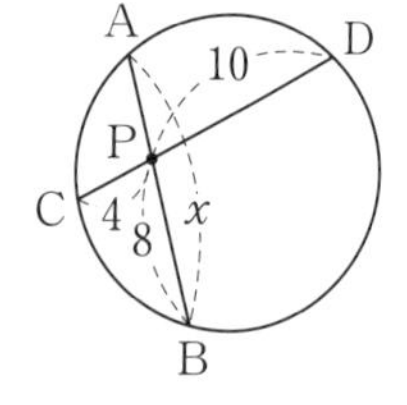

72b 次の図において，x を求めよ。ただし，(2)で PA＝PB とする。

(1)

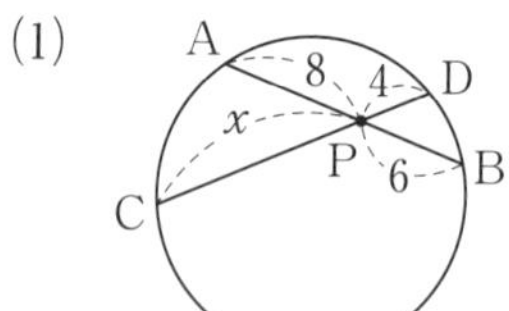

(2)

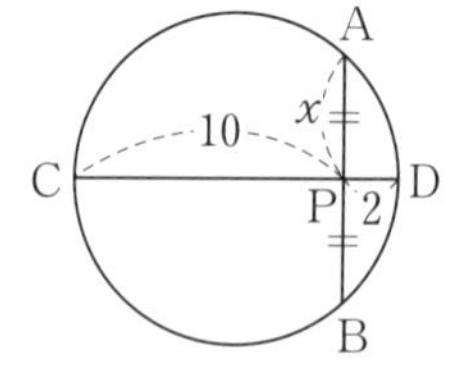

基本事項

方べきの定理

① 点Pを通る 2 つの直線が，円と点A，BおよびC，Dで交わるとき

PA・PB＝PC・PD

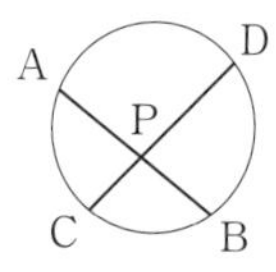

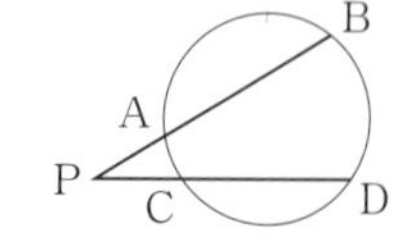

② 円の弦 AB の延長上の点Pから，この円に引いた接線の接点をTとするとき

PA・PB＝PT^2

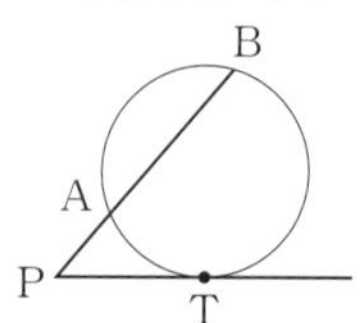

◆点Pが円の外部の場合

73a 次の図において，xを求めよ。

(1)

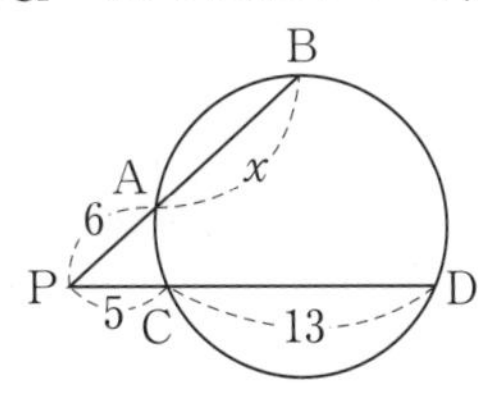

(2)

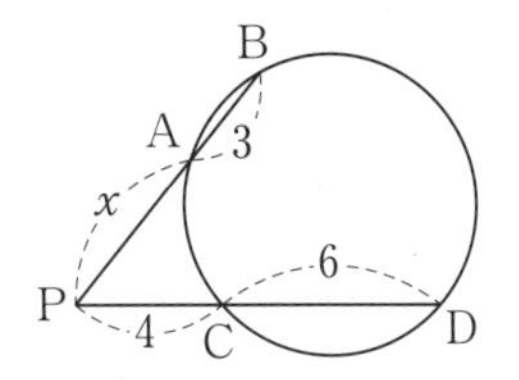

73b 次の図において，xを求めよ。

(1)

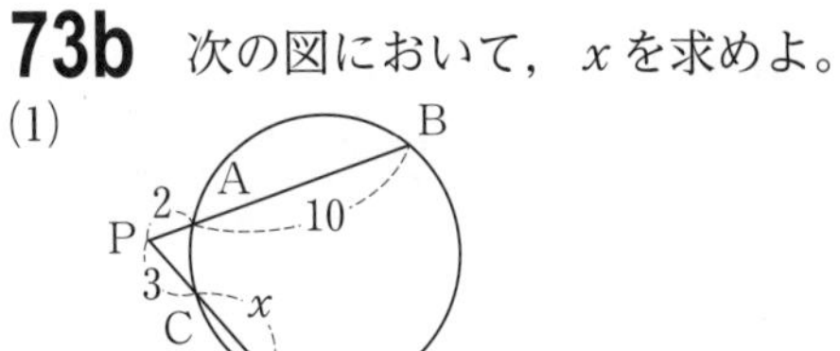
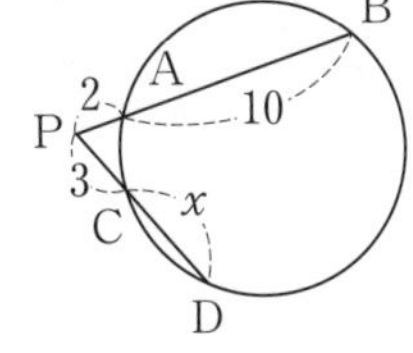

(2)

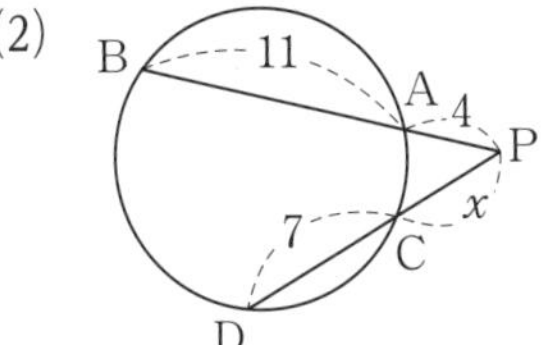

◆直線の１つが接線の場合

74a 次の図において，直線PTが点Tで円に接しているとき，xを求めよ。

(1)

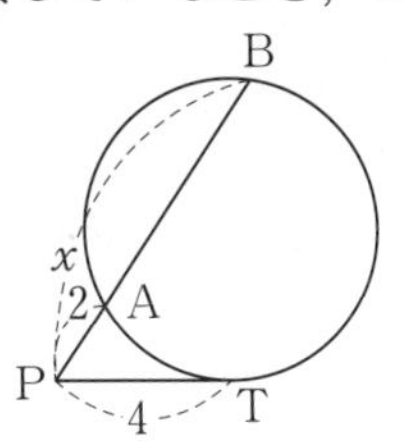

(2)

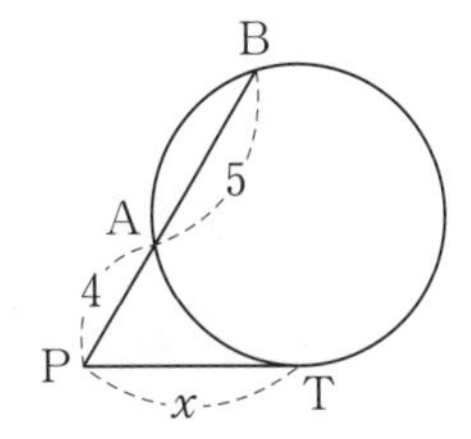

74b 次の図において，直線PTが点Tで円に接しているとき，xを求めよ。

(1)

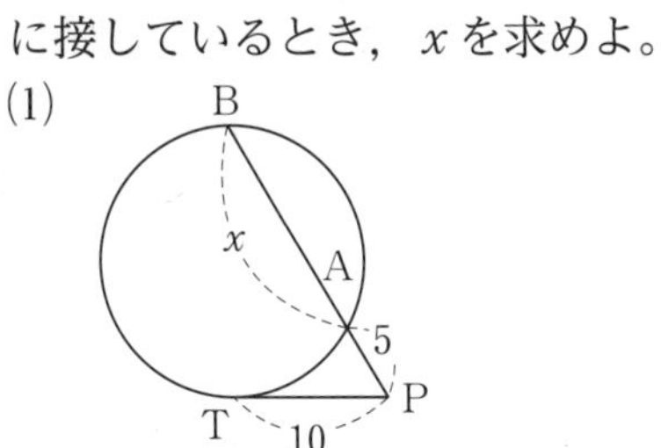

(2)

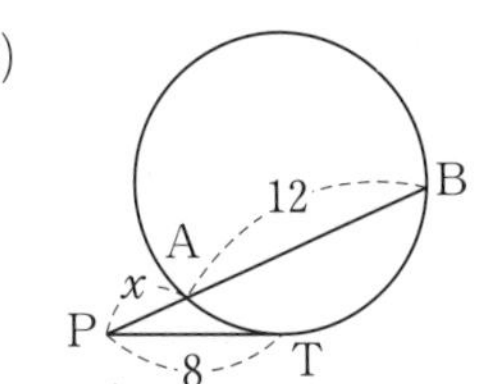

26 2つの円

例 26 共通接線

右の図において，２つの円O，O′は外接し，直線ABは２つの円O，O′の共通接線で，A，Bは接点である。線分ABの長さを求めよ。

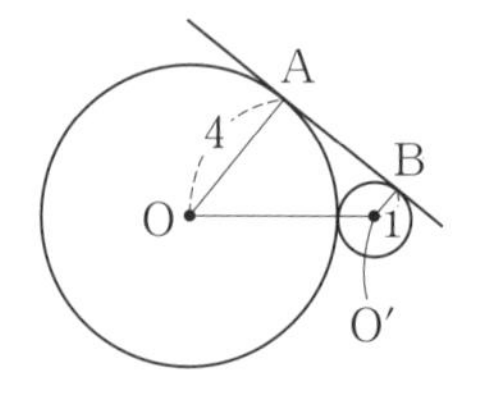

点O′から線分OAに垂線O′Cを引くと，
四角形ACO′Bは長方形である。

$$OC=4-1=3,\ OO'=4+1=5$$

であるから，△OO′Cにおいて，
三平方の定理により　$3^2+O'C^2=5^2$
よって　$AB=O'C=\sqrt{5^2-3^2}=\sqrt{16}=4$

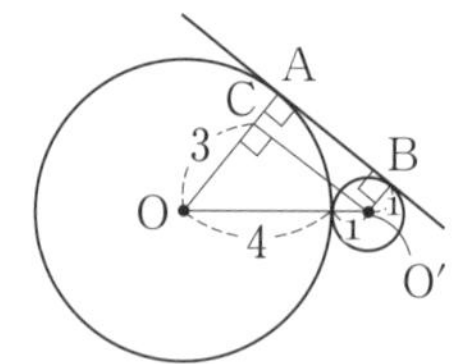

◆ ２つの円の位置関係

75a 半径７の円Oと半径５の円O′において，中心間の距離をdとする。OとO′の位置関係が次のようになるとき，dの値，またはdの値の範囲を求めよ。

(1) 外接する。

(2) ２点で交わる。

(3) 一方が他方を含む。

75b 半径４の円Oと半径９の円O′において，中心間の距離をdとする。OとO′の位置関係が次のようになるとき，dの値，またはdの値の範囲を求めよ。

(1) 内接する。

(2) 離れている。

(3) ２点で交わる。

基本事項

２つの円の位置関係

２つの円O，O′の半径をそれぞれr，r' ($r>r'$)とし，中心間の距離をdとすると，２つの円の位置関係には，次の５つの場合がある。

① 離れている　$d>r+r'$
② 外接する　$d=r+r'$
③ ２点で交わる　$r-r'<d<r+r'$
④ 内接する　$d=r-r'$
⑤ 一方が他方を含む　$d<r-r'$

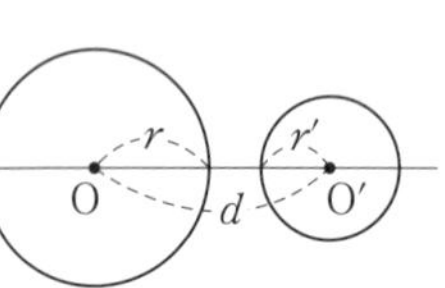

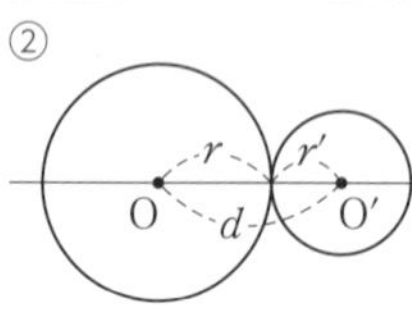

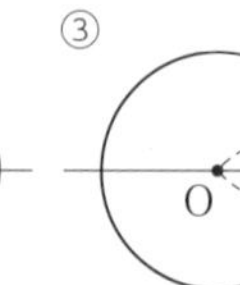

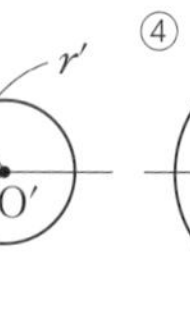

◆共通接線

76a 次の図において，直線 AB は 2 つの円 O，O′ の共通接線で，A，B は接点である。線分 AB の長さを求めよ。

(1)

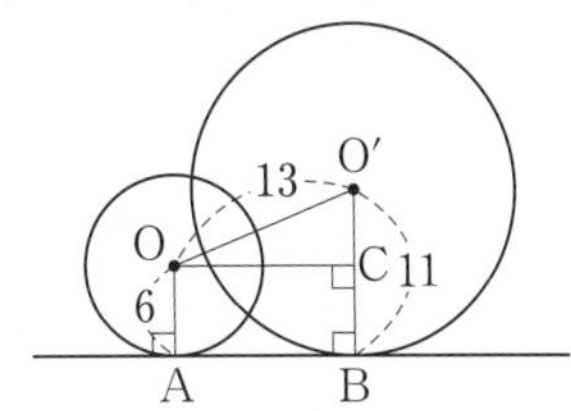

(2)

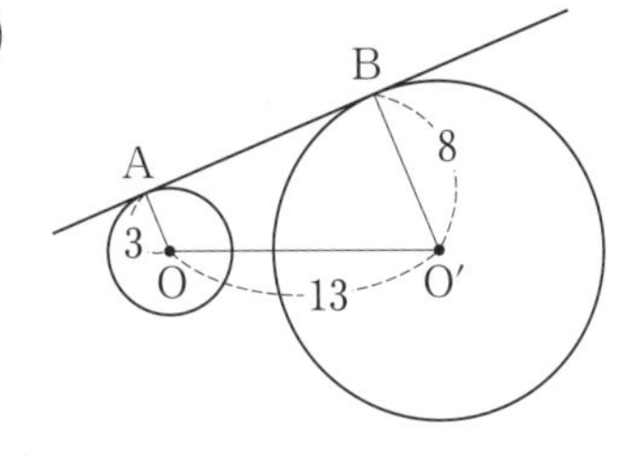

76b 次の図において，直線 AB は 2 つの円 O，O′ の共通接線で，A，B は接点である。線分 AB の長さを求めよ。ただし，(1)で円 O，O′ は外接している。

(1)

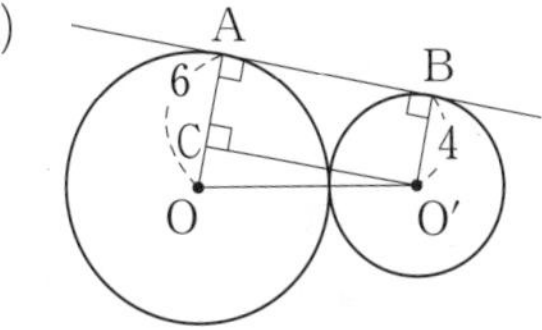

(2)

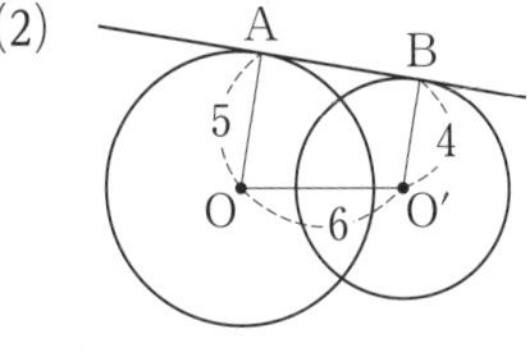

27 空間における直線・平面の位置関係

例27 直線や平面のなす角

立方体 ABCD-EFGH において，次のものを求めよ。

(1) 直線 AB と直線 EH のなす角

(2) 平面 EFGH と平面 AFGD のなす角

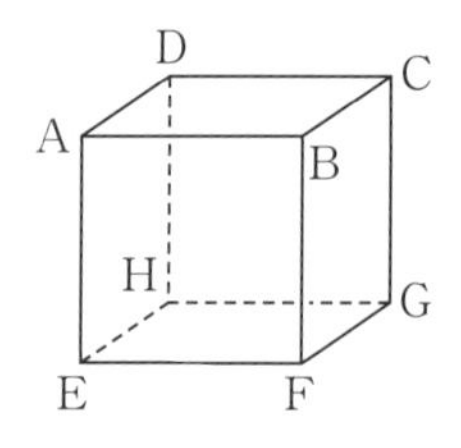

ポイント

(1) 2直線がねじれの位置にある場合は，平行移動して考える。

(2) 直線 FE と直線 FA のなす角を考える。

(1) 直線 EH を平行移動すると，直線 AD に重なるから，2直線 AB と EH のなす角は **90°**

(2) 直線 FE，FA は，それぞれ平面 EFGH，平面 AFGD 上にあり，ともに2平面の交線 FG に垂直である。
2直線 FE，FA のなす角は 45° であるから，平面 EFGH と平面 AFGD のなす角は **45°**

◆ 2直線のなす角

77a 立方体 ABCD-EFGH において，次の2直線のなす角を求めよ。

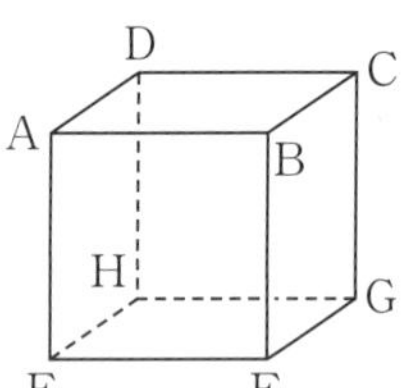

(1) BF と EH

(2) AF と DH

(3) BD と EG

77b 右の図の三角柱 ABC-DEF において，次の2直線のなす角を求めよ。

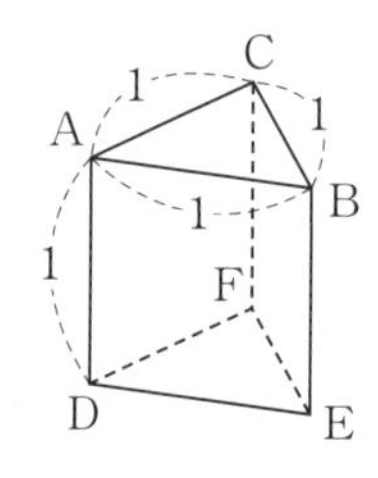

(1) AB と EF

(2) AB と CF

(3) AE と CF

◆ 2平面のなす角

78a 立方体 ABCD-EFGH において，次の2平面のなす角を求めよ。

(1) 平面 AEHD と平面 DHGC

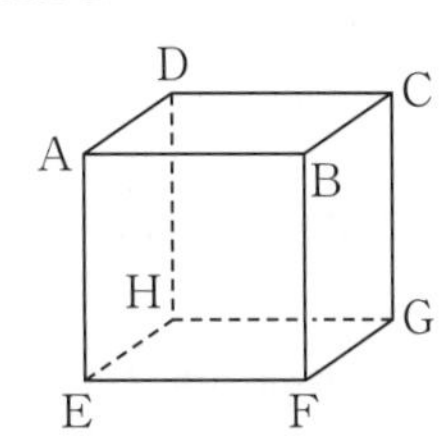

(2) 平面 AEFB と平面 BFHD

78b 右の図の直方体 ABCD-EFGH において，次の2平面のなす角を求めよ。

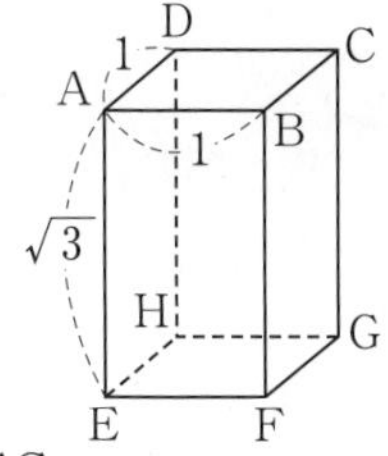

(1) 平面 ACGE と平面 BFGC

(2) 平面 CDHG と平面 EFCD

28　倍数の判定

例 28　**倍数の判定**

次の整数について，3 の倍数，4 の倍数，5 の倍数であるかどうか判定せよ。

(1)　528　　　　(2)　820

各位の数の和，下 2 桁の数，一の位の数から，それぞれ判定する。

解　(1)　528の各位の数の和15は 3 の倍数であるから，528は **3 の倍数である。**　←$5+2+8=15=3\times5$

528の下 2 桁28は 4 の倍数であるから，528は **4 の倍数である。**　←$28=4\times7$

528の一の位の数は 0 でも 5 でもないから，528は **5 の倍数ではない。**

(2)　820の各位の数の和10は 3 の倍数ではないから，820は **3 の倍数ではない。**　←$8+2+0=10$

820の下 2 桁20は 4 の倍数であるから，820は **4 の倍数である。**　←$20=4\times5$

820の一の位の数は 0 であるから，820は **5 の倍数である。**

◆ 2 の倍数，5 の倍数の判定

79a　次の数のうち，2 の倍数を選べ。また，5 の倍数を選べ。

①　211　　②　326　　③　475

79b　次の数のうち，2 の倍数を選べ。また，5 の倍数を選べ。

①　95　　②　194　　③　1300

基本事項　倍数の判定

①　2 の倍数……一の位の数が 0 または偶数

②　5 の倍数……一の位の数が 0 または 5

③　4 の倍数……下 2 桁が 4 の倍数

④　3 の倍数……各位の数の和が 3 の倍数

⑤　9 の倍数……各位の数の和が 9 の倍数

◆ 4の倍数の判定

80a 次の数のうち，4の倍数を選べ。

① 172　② 475　③ 5900

80b 次の数のうち，4の倍数を選べ。

① 592　② 730　③ 1325

◆ 3の倍数，9の倍数の判定

81a 次の数のうち，3の倍数を選べ。また，9の倍数を選べ。

① 195　② 378　③ 1279

81b 次の数のうち，3の倍数を選べ。また，9の倍数を選べ。

① 240　② 794　③ 6759

◆ 3の倍数，9の倍数の判定の利用

82a 5桁の整数□5131が9の倍数であるとき，□に入る数字をすべて求めよ。

82b 5桁の整数□2644が3の倍数であるとき，□に入る数字をすべて求めよ。

▶ p.179 補充問題 22

29 ユークリッドの互除法

例 29　最大公約数

次の問いに答えよ。

(1)　72と90の最大公約数を求めよ。

(2)　ユークリッドの互除法を利用して，126と819の最大公約数を求めよ。

(3)　$\dfrac{126}{819}$ を既約分数で表せ。

ポイント!

(1)　素因数分解をして，共通する素因数の積を求める。

(3)　(2)を利用して，分母と分子の最大公約数で約分する。

解

(1)　$72=2^3\times3^2$,　　$90=2\times3^2\times5$

よって，求める最大公約数は　　$2\times3^2=\mathbf{18}$

←簡単に素因数分解できるときは，素因数分解を利用する。

(2)　$819=126\times6+63$

$126=63\times2$

よって，126と819の最大公約数は**63**

$$\begin{array}{r}2\\63\overline{)126}\\126\\\hline0\end{array}\qquad\begin{array}{r}6\\\overline{)819}\\756\\\hline63\end{array}$$

(3)　$\dfrac{126}{819}=\dfrac{63\times2}{63\times13}=\mathbf{\dfrac{2}{13}}$

←分母や分子が大きい数の分数を約分するときには，ユークリッドの互除法を利用するとよい。

◆最大公約数

83a　次の２つの数の最大公約数を求めよ。

(1)　36，84

(2)　90，135

83b　次の２つの数の最大公約数を求めよ。

(1)　84，126

(2)　120，144

基本事項

(1)　**互いに素**　２つの自然数 a，b の最大公約数が１であるとき，a と b は互いに素であるという。

(2)　**既約分数**　分母，分子が互いに素である分数を既約分数という。

(3)　**ユークリッドの互除法**

次の定理を利用して，最大公約数を求める方法をユークリッドの互除法という。

〔定理〕２つの自然数 a，b について，$a>b$ とする。　a を b で割ったときの商を q，余りを r とすると，

①　$r\neq0$ のとき，a と b の最大公約数は，b と r の最大公約数に等しい。

②　$r=0$ のとき，a と b の最大公約数は b である。

◆ユークリッドの互除法

84a ユークリッドの互除法を利用して，156と816の最大公約数を求めよ。

84b ユークリッドの互除法を利用して，209と671の最大公約数を求めよ。

◆既約分数

85a $\dfrac{135}{567}$ を既約分数で表せ。

85b $\dfrac{170}{391}$ を既約分数で表せ。

30 2元1次不定方程式

例30 不定方程式

次の不定方程式を解け。

(1) $3x=4(y-1)$　　(2) $3x+8y=1$

(2) $3x+8y=1$ の整数解を1つ求め，その解を利用して，$3p=8q$ の形に変形する。

解 (1) $3x=4(y-1)$ ……①

とおく。3 と 4 は互いに素であるから，x は 4 の倍数である。

よって，整数 k を用いて $x=4k$ と表される。

これを①に代入すると　$3\times4k=4(y-1)$　　よって　$y-1=3k$

したがって，求める整数解は　$\boldsymbol{x=4k,\ y=3k+1}$ （$\boldsymbol{k}$ **は整数**）

(2) $3x+8y=1$ ……①

とおき，①の整数解の1つを求めると　$x=3,\ y=-1$

よって　$3\times3+8\times(-1)=1$ ……②

①−②から　$3(x-3)+8(y+1)=0$

すなわち　$3(x-3)=8(-y-1)$ ……③　← $-8(y+1)=8(-y-1)$

3 と 8 は互いに素であるから，$x-3$ は 8 の倍数である。

よって，整数 k を用いて $x-3=8k$ と表される。

これを③に代入すると　$3\times8k=8(-y-1)$

よって　$-y-1=3k$

したがって，求める整数解は

$\boldsymbol{x=8k+3,\ y=-3k-1}$ （$\boldsymbol{k}$ **は整数**）

← 整数解の1つを $x=-5,\ y=2$ とすると，解は $x=8k-5,\ y=-3k+2$（k は整数）となる。

◆ **不定方程式**

86a 次の不定方程式を解け。

(1) $2x-3y=0$

(2) $2x=7(y+2)$

86b 次の不定方程式を解け。

(1) $5x+8y=0$

(2) $3(x-1)-10y=0$

基本事項

(1) 自然数 a，b が互いに素で，x，y を整数とする。

$ax=by$ ならば，x は b の倍数であり，y は a の倍数である。

(2) a，b，c を整数とするとき，1次方程式 $ax+by=c$ を **2元1次不定方程式**または**不定方程式**といい，不定方程式を満たす整数 x，y の組を，この方程式の**整数解**という。

◆不定方程式

87a 次の不定方程式を解け。

(1) $7x-2y=1$

(2) $3x+4y=1$

87b 次の不定方程式を解け。

(1) $8x-15y=1$

(2) $5x+2y=1$

例31 2進法

(1) 次の2進数を10進数で表せ。

① $1011_{(2)}$　② $0.0111_{(2)}$

(2) 10進数の21を2進数で表せ。

ポイント

(1) 2進数 $a_4a_3a_2a_1$ は
$a_4\times2^3+a_3\times2^2+a_2\times2^1+a_1$
を意味している。
2進法の小数 $0.b_1b_2b_3b_4$ は
$b_1\times\frac{1}{2}+b_2\times\frac{1}{2^2}+b_3\times\frac{1}{2^3}+b_4\times\frac{1}{2^4}$
を意味している。

解 (1) ① $1011_{(2)}=1\times2^3+0\times2^2+1\times2^1+1$

$=8+0+2+1=\mathbf{11}$

② $0.0111_{(2)}=0\times\frac{1}{2}+1\times\frac{1}{2^2}+1\times\frac{1}{2^3}+1\times\frac{1}{2^4}$

$=0+\frac{1}{4}+\frac{1}{8}+\frac{1}{16}=\frac{7}{16}=\mathbf{0.4375}$

(2) 右の計算から

$21=\mathbf{10101_{(2)}}$

```
2)21
2)10  1
2) 5  0
2) 2  1
2) 1  0
   0  1
```

←21を商が0になるまでくり返し2で割り，出てきた余りを下から並べる。

◆ 2進数を10進数で表す

88a 次の2進数を10進数で表せ。

(1) $111_{(2)}$

(2) $1100_{(2)}$

88b 次の2進数を10進数で表せ。

(1) $1010_{(2)}$

(2) $11101_{(2)}$

基本事項

(1) n 桁の2進数 $a_na_{n-1}\cdots\cdots a_3a_2a_1$ は
$a_n\times2^{n-1}+a_{n-1}\times2^{n-2}+\cdots\cdots+a_3\times2^2+a_2\times2^1+a_1$
を意味している。ただし　$a_n\neq0$

(2) 2進法で表された小数 $0.b_1b_2b_3\cdots\cdots b_{n-1}b_n$ は
$b_1\times\frac{1}{2^1}+b_2\times\frac{1}{2^2}+b_3\times\frac{1}{2^3}+\cdots\cdots+b_{n-1}\times\frac{1}{2^{n-1}}+b_n\times\frac{1}{2^n}$
を意味している。ただし　$b_n\neq0$

◆10進数を2進数で表す

89a 次の10進数を2進数で表せ。

(1) 18

(2) 47

89b 次の10進数を2進数で表せ。

(1) 32

(2) 89

◆ 2進法の小数を10進法の小数で表す

90a 次の2進法の小数を10進法の小数で表せ。

(1) $0.101_{(2)}$

(2) $1.0111_{(2)}$

90b 次の2進法の小数を10進法の小数で表せ。

(1) $0.0101_{(2)}$

(2) $1.1001_{(2)}$

▶ p.179 補充問題 23

補充問題

1 〈乗法公式①〜③〉次の式を展開せよ。 ▶ p.12 例 4

(1) $(x+2)^2$

(2) $(x+5y)^2$

(3) $(4x-1)^2$

(4) $(3x-2y)^2$

(5) $(x-2)(x+2)$

(6) $(2x+3y)(2x-3y)$

2 〈乗法公式④，⑤〉次の式を展開せよ。 ▶ p.14 例 5

(1) $(x+4)(x-6)$

(2) $(x-3y)(x+4y)$

(3) $(3x+4)(2x-1)$

(4) $(2x-3)(x-2)$

(5) $(x+2y)(3x+y)$

(6) $(3x+2y)(4x-3y)$

3 **〈共通因数のくくり出し，因数分解の公式①～④〉** 次の式を因数分解せよ。 ▶ p.16 例 6

(1) $6x^2-9xy$

(2) $(a-b)x-(a-b)$

(3) $9x^2-12x+4$

(4) $16x^2+8xy+y^2$

(5) $4x^2-1$

(6) $9x^2-25y^2$

(7) x^2+8x+7

(8) $x^2-11x+18$

(9) $x^2+4x-12$

(10) x^2-x-20

(11) $x^2+4xy+3y^2$

(12) $x^2-9xy-10y^2$

4 〈因数分解の公式⑤〉次の式を因数分解せよ。 ▶ p.18 例 7

(1) $5x^2+11x+2$

(2) $3x^2+10x+8$

(3) $2x^2-7x+5$

(4) $2x^2-9x+9$

(5) $2x^2+x-1$

(6) $6x^2+5x-6$

(7) $3x^2-4x-4$

(8) $2x^2-5x-12$

(9) $3x^2+5xy+2y^2$

(10) $6x^2-5xy+y^2$

(11) $2x^2+11xy-6y^2$

(12) $5x^2-8xy-4y^2$

5 〈根号を含む式の計算〉次の式を計算せよ。 ▶ p.28 例12

(1) $\sqrt{2}-\sqrt{8}+\sqrt{18}$

(2) $\sqrt{20}-\sqrt{5}+\sqrt{32}+\sqrt{2}$

(3) $(2\sqrt{5}-\sqrt{3})(\sqrt{5}+\sqrt{3})$

(4) $(2\sqrt{2}-1)(\sqrt{2}-2)$

(5) $(\sqrt{5}+\sqrt{2})(\sqrt{5}-\sqrt{2})$

(6) $(\sqrt{7}-\sqrt{5})^2$

6 〈分母の有理化〉次の式の分母を有理化せよ。 ▶ p.30 例13

(1) $\dfrac{3}{\sqrt{6}}$

(2) $\dfrac{12}{\sqrt{32}}$

(3) $\dfrac{1}{2+\sqrt{3}}$

(4) $\dfrac{\sqrt{5}+\sqrt{2}}{\sqrt{5}-\sqrt{2}}$

7 **〈1次不等式の解法〉** 次の1次不等式を解け。 ▶ p.34 例15

(1) $7x-8>-1$

(2) $1-2x \leqq -x$

(3) $5x+1<2x-8$

(4) $3x+5 \geqq 1-x$

(5) $2x-1 \leqq 7x-3$

(6) $-4x-2>x+8$

(7) $3(x-2) \geqq -x+2$

(8) $x+7<-(2x-3)$

(9) $2(x+8)>5(x-1)$

(10) $4(1-x) \leqq 3(2x+1)$

8 **〈平方完成〉** 次の 2 次関数を $y=a(x-p)^2+q$ の形に変形せよ。 ▶ p.46 例21

(1) $y=x^2-4x+5$

(2) $y=x^2+6x+4$

(3) $y=x^2+x-3$

(4) $y=x^2-3x+2$

(5) $y=2x^2+4x+5$

(6) $y=3x^2-12x-4$

(7) $y=-x^2+4x+2$

(8) $y=-2x^2-12x+1$

9 **〈2次方程式の解〉** 次の2次方程式を解け。 ▶ p.56 例26

(1) $x^2+7x+10=0$

(2) $x^2-4x-21=0$

(3) $2x^2+x=0$

(4) $x^2-2x+1=0$

(5) $3x^2-2x-1=0$

(6) $6x^2+x-2=0$

(7) $x^2+3x+1=0$

(8) $2x^2-x-4=0$

(9) $x^2-4x-6=0$

(10) $3x^2+6x-2=0$

10 〈2次不等式〉次の2次不等式を解け。 ▶ p.62 例29

(1) $x^2+2x-8<0$

(2) $x^2+6x+5\geqq 0$

(3) $x^2+3x\leqq 0$

(4) $x^2-4>0$

(5) $2x^2-x-6\geqq 0$

(6) $3x^2-5x+1<0$

11 〈2次不等式〉次の2次不等式を解け。 ▶ p.64 例30

(1) $x^2-4x+4>0$

(2) $x^2+8x+16\leqq 0$

(3) $x^2+2x+5\geqq 0$

(4) $x^2-4x+7<0$

12 **〈集合の要素の個数〉** 次の問いに答えよ。 ▶ p.106 例 2

(1) 次の集合の要素の個数を求めよ。

① $A=\{x \mid x$ は28の正の約数$\}$

② $B=\{x \mid x$ は15以下の正の偶数$\}$

③ 40以下の自然数のうちの 3 の倍数の集合 C

④ 200以下の自然数のうちの 8 の倍数の集合 D

(2) 30以下の自然数のうち，4 で割り切れない数は何個あるか。

(3) 100以下の自然数のうち，3 の倍数または 7 の倍数は何個あるか。

13 **〈$_nP_r$ の計算，階乗の計算〉** 次の値を求めよ。 ▶ p.112 例 5(1)

(1) $_3P_2$

(2) $_7P_4$

(3) $_{10}P_1$

(4) $_2P_2$

(5) $_5P_3 \times {}_6P_2$

(6) $7!$

(7) $4! \times 2!$

(8) $\dfrac{9!}{6!}$

14 **〈順列〉** 次の方法は何通りあるか。 ▶ p.112 例 5(2)

(1) 8 人の中から 3 人を選んで 1 列に並べる。

(2) A，B，C，D，E の 5 文字全部を 1 列に並べる。

15 **〈$_nC_r$ の計算〉** 次の値を求めよ。 ▶ p.118 例 8(1)

(1) $_{10}C_3$

(2) $_{11}C_2$

(3) $_7C_1$

(4) $_8C_8$

(5) $_{16}C_{13}$

(6) $_{50}C_{49}$

(7) $_7C_2 \times {}_3C_2$

(8) $\dfrac{_5C_1}{_8C_2}$

16 **〈組合せ〉** 次の方法は何通りあるか。 ▶ p.118 例 8(2)

(1) 異なる 9 個の文字から 4 個の文字を選ぶ。

(2) 14人の中から11人の選手を選ぶ。

17 **〈事象の確率〉** 次の確率を求めよ。 ▶ p.124 例11

(1) 6本の当たりくじを含む20本のくじから1本引くとき，当たる確率

(2) 1から30までの番号が書かれた30枚のカードから1枚を引くとき，番号が5の倍数となる確率

(3) 大，小2個のさいころを同時に投げるとき，2個とも偶数の目が出る確率

18 **〈組合せや順列を利用する確率〉** 次の確率を求めよ。 ▶ p.126 例12

(1) 5本の当たりくじを含む20本のくじがある。この中から同時に2本引くとき，2本とも当たる確率

(2) 1から9までの番号が書かれた9枚のカードから，同時に4枚引くとき，偶数と奇数が2枚ずつとなる確率

(3) 赤玉3個と白玉5個が入っている袋から，同時に3個取り出すとき，赤玉1個，白玉2個である確率

19 **〈角の二等分線と線分の比〉** 右の図の △ABC において，AP が ∠A の二等分線，AQ が ∠A の外角の二等分線であるとき，次の線分の長さを求めよ。 ▶ p.140 例 19

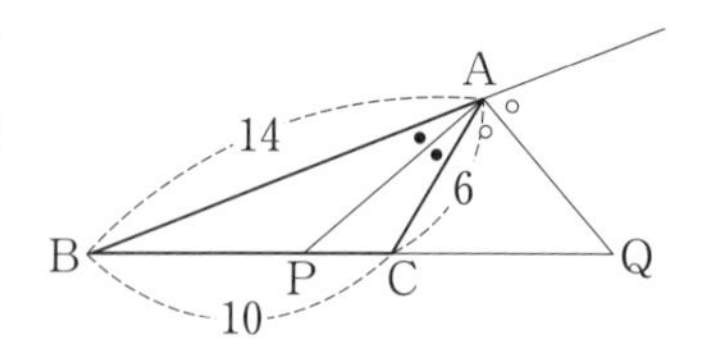

(1) BP　　　　　(2) CQ

20 **〈円に内接する四角形〉** 次の図において，点Oは円の中心である。x，yを求めよ。

▶ p.148 例 23(1)

(1)

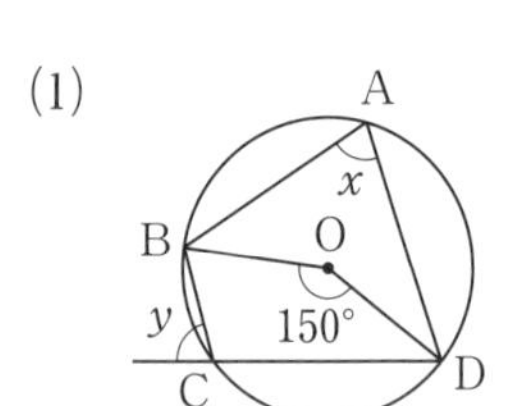

(2)

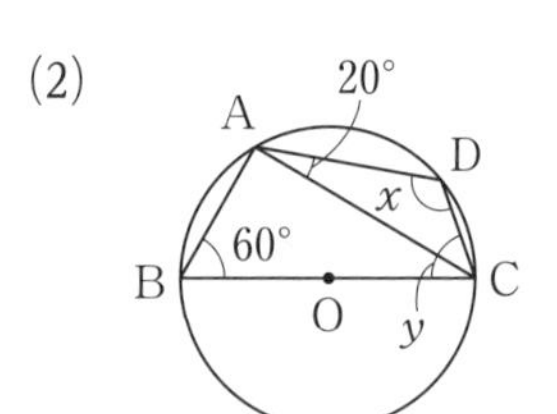

21 **〈円の接線と弦の作る角の性質〉** 次の図において，直線 AT が点Aで円に接しているとき，x，yを求めよ。ただし，(2)で点Oは円の中心とする。 ▶ p.150 例 24

(1)

B
30°
C
75°
x
D y A T

(2)

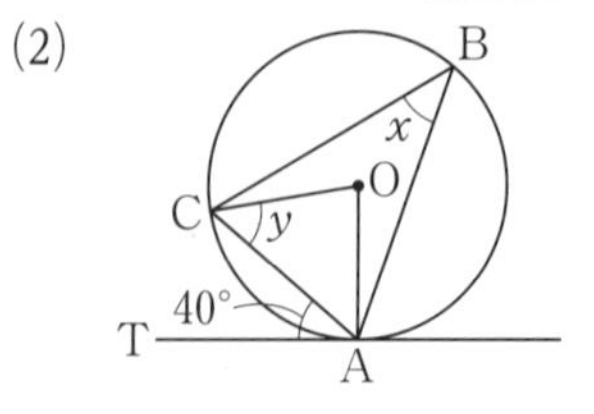

22 **〈倍数の判定〉** 次の整数について，3の倍数，4の倍数，9の倍数であるかどうか判定せよ。

▶ p.158 例28

(1) 186　　(2) 720

(3) 4294　　(4) 9168

23 **〈2進法〉** 次の問いに答えよ。 ▶ p.164 例31

(1) 次の2進数を10進数で表せ。

① $11011_{(2)}$　　② $101110_{(2)}$

(2) 次の10進数を2進数で表せ。

① 51　　② 110

解　答

数学I

●ウォーミングアップ

1 (1) -5　(2) -13　(3) 2
(4) 5　(5) -12　(6) 3

2 (1) $-\frac{2}{7}$　(2) $\frac{1}{4}$　(3) $\frac{3}{4}$
(4) $\frac{13}{10}$　(5) $\frac{17}{5}$　(6) $-\frac{4}{21}$
(7) $\frac{4}{5}$　(8) -2

3 (1) -40　(2) 15　(3) 0
(4) $\frac{5}{2}$　(5) $-\frac{8}{15}$　(6) $\frac{3}{2}$
(7) -27　(8) -27　(9) 81

4 (1) -4　(2) 7　(3) 0
(4) $\frac{6}{5}$　(5) $-\frac{2}{7}$　(6) $\frac{5}{2}$
(7) 32　(8) $-\frac{3}{2}$

5 (1) 1　(2) 34　(3) 17
(4) 18　(5) -16　(6) 17
(7) $-\frac{1}{5}$　(8) 16

1a (1) xz　(2) $4a^3$
(3) $\frac{x}{7}$　(4) $3a^2b$

1b (1) $-2a$　(2) x^4
(3) $\frac{a+b}{3}$　(4) $-xy^2$

2a (1) 次数は4，係数は $7x^2$
(2) 次数は1，係数は $-a^3$

2b (1) 次数は5，係数は $-3y^3$
(2) 次数は1，係数は a^2c

3a (1) $5x-2$　(2) $3x^2-x+2$
(3) $3x^2-8x-1$

3b (1) $3x+2$　(2) $2x-3$　(3) $-x^2-x+2$

4a x に着目したとき
次数は2，定数項は $y-6$
y に着目したとき
次数は1，定数項は x^2-x-6

4b x に着目したとき
次数は2，定数項は y^2-3y-3
y に着目したとき
次数は2，定数項は x^2+x-3

5a (1) $A+B=4x^2-6x+8$
$A-B=-2x^2+2x-2$
(2) $A+B=x^2-2x+2$
$A-B=-3x^2-4x+10$

5b (1) $A+B=6x^2+4x-7$
$A-B=-2x^2+6x-1$
(2) $A+B=-2x^2-10$
$A-B=4x^2-10x+4$

6a (1) $A+2B=3x^2-2x-10$
$3A-B=2x^2-20x+19$
(2) $A+2B=5x+4$
$3A-B=7x^2+x+5$

6b (1) $-A+3B=2x^2-11x+7$
$2A-3B=-x^2+13x-8$
(2) $-A+3B=7x^2-8x-15$
$2A-3B=-8x^2+13x+12$

7a (1) a^6　(2) a^8　(3) a^5b^5

7b (1) a^8　(2) a^{15}　(3) a^6b^3

8a (1) $15x^3$　(2) $-6x^5$　(3) $4x^8$

8b (1) $6x^5$　(2) $4x^4$　(3) $-x^9$

9a (1) $2x^2-6x$　(2) $3x^3-6x^2+9x$
(3) $6x^3-9x^2+15x$

9b (1) $-3x^3+6x^2$　(2) $-x^4-3x^3+4x^2$
(3) $-12x^3+6x^2-4x$

10a (1) $2x^2+7x+3$　(2) $8x^2-6x-5$
(3) x^3-5x^2+7x-2

10b (1) $3x^2-5x-2$　(2) $6x^2-11x+3$
(3) $2x^3-3x^2-6x-2$

11a (1) $x^2+8x+16$　(2) $25x^2+10x+1$
(3) $4x^2+12xy+9y^2$

11b (1) x^2+2x+1　(2) $16x^2+24x+9$
(3) $9x^2+6xy+y^2$

12a (1) x^2-6x+9　(2) $4x^2-4x+1$
(3) $x^2-8xy+16y^2$

12b (1) $x^2-10x+25$　(2) $9x^2-12x+4$
(3) $9x^2-30xy+25y^2$

13a (1) x^2-1　(2) $4x^2-9$　(3) $25x^2-y^2$

13b (1) x^2-36　(2) $9x^2-1$　(3) $9x^2-16y^2$

14a (1) $x^2+7x+12$　(2) x^2+4x-5
(3) $x^2-3xy-10y^2$　(4) $x^2-6xy+8y^2$

14b (1) $x^2-5x-14$　(2) $x^2-8x+12$
(3) $x^2+4xy+3y^2$　(4) $x^2-4xy-21y^2$

15a (1) $2x^2+3x+1$　(2) $6x^2+x-12$
(3) $2x^2-11x+15$　(4) $8x^2+22xy+15y^2$
(5) $3x^2-xy-4y^2$　(6) $3x^2-7xy+2y^2$

15b (1) $5x^2+33x+18$　(2) $8x^2+10x-3$
(3) $12x^2-17x+6$　(4) $6x^2+13xy+5y^2$
(5) $20x^2+xy-y^2$　(6) $6x^2-17xy+12y^2$

16a (1) $c(a-3b+2ab)$ (2) $2x(2x+y)$
(3) $(a+2)(x+y)$

16b (1) $x(2x-1)$ (2) $ab(2a-b+3)$
(3) $(a-1)(x-3)$

17a (1) $(x+5)^2$ (2) $(2x-5)^2$ (3) $(3x+2y)^2$

17b (1) $(x+7)^2$ (2) $(2x-3)^2$ (3) $(4x-3y)^2$

18a (1) $(x+6)(x-6)$ (2) $(2x+3y)(2x-3y)$

18b (1) $(x+10)(x-10)$ (2) $(4x+5y)(4x-5y)$

19a (1) $(x+1)(x+2)$ (2) $(x-1)(x-3)$
(3) $(x+3)(x-2)$ (4) $(x+2)(x-5)$

19b (1) $(x+1)(x+6)$ (2) $(x-2)(x-5)$
(3) $(x-3)(x+5)$ (4) $(x+3)(x-4)$

20a (1) $(x+2y)(x+3y)$ (2) $(x-2y)(x+4y)$

20b (1) $(x-2y)(x-6y)$ (2) $(x+3y)(x-6y)$

21a (1) $(x+2)(2x+1)$
(2) $(x-1)(3x-2)$
(3) $(x+2)(2x+3)$
(4) $(2x-1)(2x-3)$

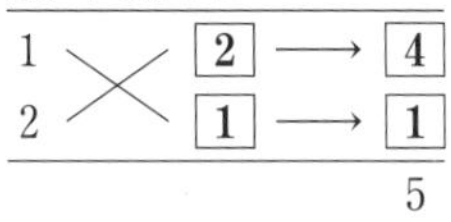

21b (1) $(x+1)(3x+5)$
(2) $(x-2)(5x-1)$
(3) $(x+3)(3x+4)$
(4) $(2x-1)(3x-2)$

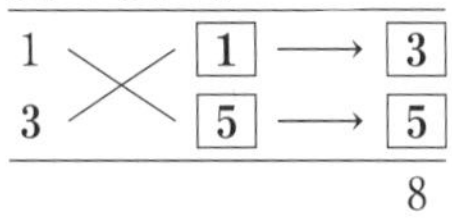

22a (1) $(x+2)(2x-1)$ (2) $(x+2)(2x-3)$
(3) $(2x-1)(2x+3)$ (4) $(2x-3)(3x+4)$

22b (1) $(x-2)(3x+1)$ (2) $(x-2)(5x+3)$
(3) $(2x-3)(3x+1)$ (4) $(3x-2)(3x+5)$

23a (1) $(x+y)(3x+y)$ (2) $(2x+3y)(3x-y)$

23b (1) $(x-2y)(2x-3y)$ (2) $(3x-2y)(3x+4y)$

24a (1) $a^2+2ab+b^2-a-b-6$
(2) $a^2+2ab+b^2-4$

24b (1) $a^2-2ab+b^2-3a+3b+2$
(2) $a^2-2ab+b^2-9$

25a $a^2+2ab+b^2+2a+2b+1$

25b $a^2+b^2+c^2+2ab-2bc-2ca$

26a (1) $(a-3)(x-1)$ (2) $(a-b)(x-y)$

26b (1) $(a-2)(x+3)$ (2) $(x-3)(2a+b)$

27a (1) $(x+y+1)(x+y+2)$
(2) $(2x+y+4)(2x+y-4)$

27b (1) $(x-y+2)^2$ (2) $(x+y+1)(3x+3y+4)$

28a (1) $(x-2)(x+y+2)$ (2) $(a+c)(a+b-c)$

28b (1) $(a+1)(a-1)(b+1)$
(2) $(x+2y)(x+2y+z)$

29a (1) $(x+2y-3)(x+y-1)$
(2) $(x+y+2)(x+2y-1)$
(3) $(x-y-2)(x+2y-1)$

29b (1) $(x-3y-2)(x+y+1)$
(2) $(x-y+1)(x-2y-3)$
(3) $(x+y+1)(x-3y+2)$

30a (1) $\dfrac{1}{9}=0.\dot{1}$ (2) $\dfrac{2}{11}=0.\dot{1}\dot{8}$

30b (1) $\dfrac{1}{6}=0.1\dot{6}$ (2) $\dfrac{8}{27}=0.\dot{2}9\dot{6}$

31a (1) $0.\dot{8}=\dfrac{8}{9}$ (2) $0.\dot{2}\dot{3}=\dfrac{23}{99}$

31b (1) $0.\dot{6}=\dfrac{2}{3}$ (2) $0.\dot{7}\dot{2}=\dfrac{8}{11}$

32a (1) 6 (2) 1
(3) $3-\sqrt{7}$ (4) 8

32b (1) 4 (2) 7
(3) $4-\pi$ (4) -4

33a (1) $\sqrt{2}$ と $-\sqrt{2}$ (2) 4 と -4

33b (1) $\sqrt{5}$ と $-\sqrt{5}$ (2) 7 と -7

34a (1) 3 (2) 5

34b (1) 7 (2) 10

35a (1) $\sqrt{15}$ (2) $\sqrt{3}$

35b (1) $\sqrt{14}$ (2) $\sqrt{3}$

36a (1) $2\sqrt{3}$ (2) $3\sqrt{3}$

36b (1) $2\sqrt{7}$ (2) $5\sqrt{6}$

37a (1) $3\sqrt{5}$ (2) $2\sqrt{15}$

37b (1) $7\sqrt{3}$ (2) $4\sqrt{6}$

38a (1) $3\sqrt{2}$ (2) $\sqrt{5}$
(3) $-\sqrt{3}+4\sqrt{2}$ (4) $2\sqrt{2}+5\sqrt{3}$

38b (1) $3\sqrt{3}$ (2) $5\sqrt{3}$
(3) $-\sqrt{5}+2\sqrt{2}$ (4) $-2\sqrt{3}-\sqrt{5}$

39a (1) $-3-2\sqrt{6}$ (2) $9-10\sqrt{2}$
(3) 2 (4) $5-2\sqrt{6}$

39b (1) $21+7\sqrt{15}$ (2) $\sqrt{3}$
(3) -13 (4) $8+4\sqrt{3}$

40a (1) $\dfrac{\sqrt{3}}{3}$ (2) $\dfrac{3\sqrt{5}}{10}$ (3) $\dfrac{\sqrt{5}}{2}$

40b (1) $\dfrac{\sqrt{15}}{3}$ (2) $3\sqrt{2}$ (3) $\dfrac{\sqrt{3}}{4}$

41a (1) $\dfrac{\sqrt{6}-\sqrt{2}}{4}$ (2) $\dfrac{3+\sqrt{3}}{2}$
(3) $2-\sqrt{3}$ (4) $5+2\sqrt{6}$

41b (1) $\dfrac{3(\sqrt{5}+\sqrt{3})}{2}$ (2) $\sqrt{6}-2$
(3) $9+4\sqrt{5}$ (4) $\dfrac{5-\sqrt{21}}{2}$

42a (1) $2x-7 \geqq 5$ (2) $50x<200$

42b (1) $3x>x+10$ (2) $2x+200 \leqq 500$

43a (1)

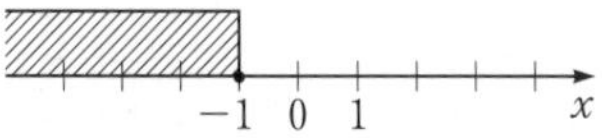

(2)

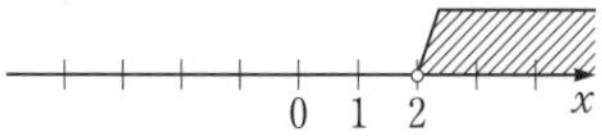

43b (1)

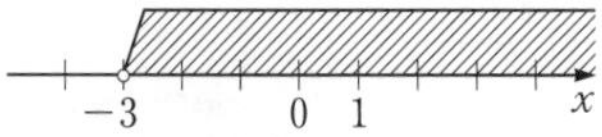

(2)

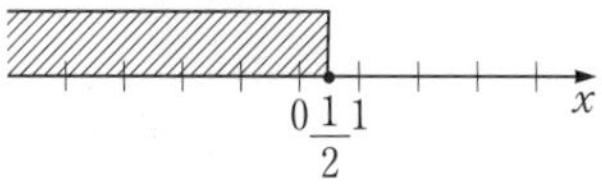

44a (1) $<$ (2) $<$ (3) $<$

(4) ＜　(5) ＞　(6) ＞

44b (1) ≧　(2) ≧　(3) ≧
(4) ≧　(5) ≦　(6) ≦

45a (1) $x>5$　(2) $x\leqq-4$

45b (1) $x<7$　(2) $x\geqq1$

46a (1) $x>4$　(2) $x<-2$

46b (1) $x<-4$　(2) $x\geqq-4$

47a (1) $x<-3$　(2) $x>-1$
(3) $x\leqq4$　(4) $x\geqq2$

47b (1) $x>3$　(2) $x\geqq1$
(3) $x>-\frac{4}{5}$　(4) $x\leqq-5$

48a (1) $x<3$　(2) $x<2$　(3) $x\geqq-\frac{5}{2}$

48b (1) $x<8$　(2) $x\leqq1$　(3) $x>-\frac{1}{4}$

49a (1) $x>2$　(2) $x\leqq-4$

49b (1) $x\geqq4$　(2) $x<9$

50a (1) $x\geqq-4$　(2) $x<1$

50b (1) $x>5$　(2) $x\geqq2$

51a 24個まで詰めることができる。

51b 11本まで買うことができる。

52a (1) $-8\leqq x<1$　(2) $x\leqq-2$

52b (1) $-2<x\leqq3$　(2) $x<2$

53a (1) $3\leqq x\leqq6$　(2) $-5<x<-\frac{2}{3}$

53b (1) $-2<x<1$　(2) $x\geqq-1$

54a $y=4+3x$　定義域は $0\leqq x\leqq5$

54b $y=18-2x$　定義域は $0\leqq x\leqq9$

55a $f(1)=-1$, $f(-2)=-7$

55b $f(1)=-1$, $f(-2)=-4$

56a (1)

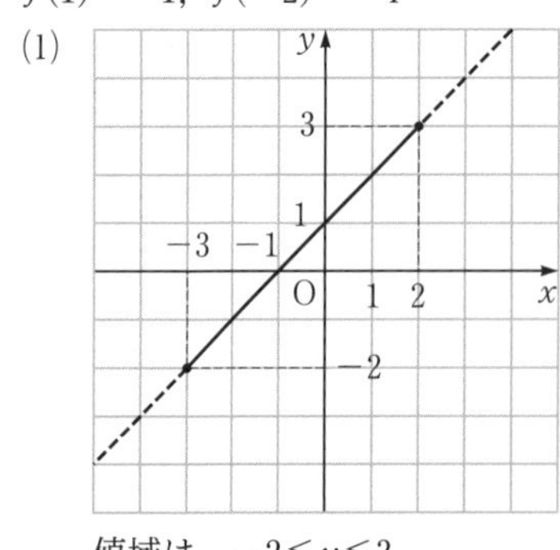

値域は　$-2\leqq y\leqq3$

(2)

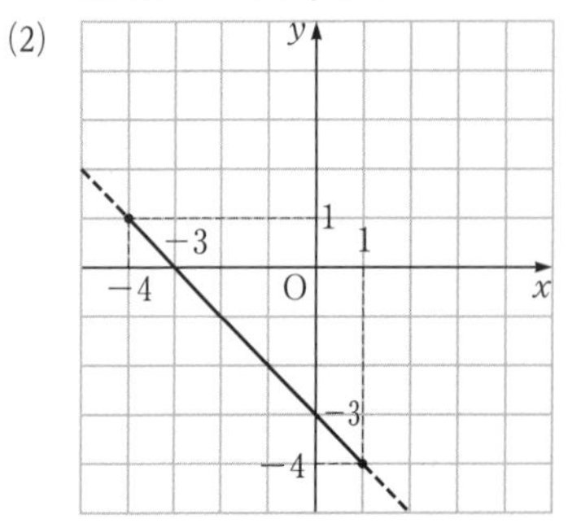

値域は　$-4\leqq y\leqq1$

56b (1)

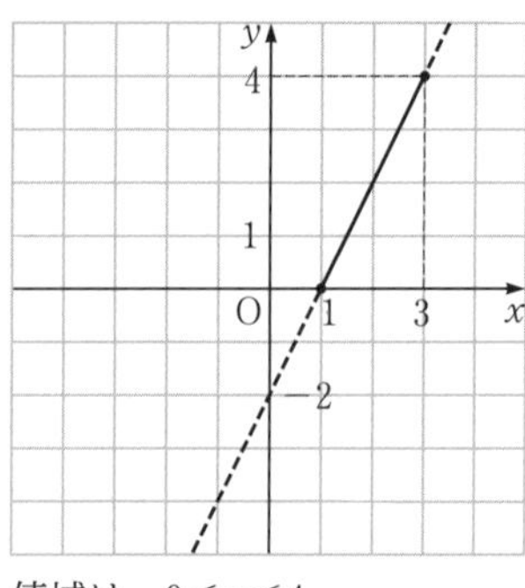

値域は　$0\leqq y\leqq4$

(2)

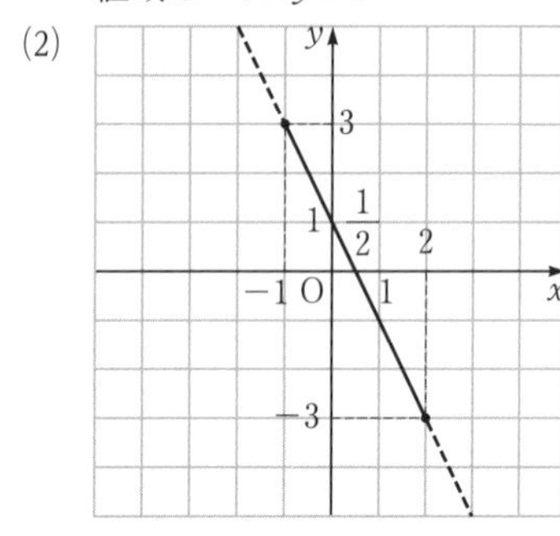

値域は　$-3\leqq y\leqq3$

57a

x	…	−3	−2	−1	0	1	2	3	…
$2x^2$	…	**18**	**8**	**2**	**0**	**2**	**8**	**18**	…

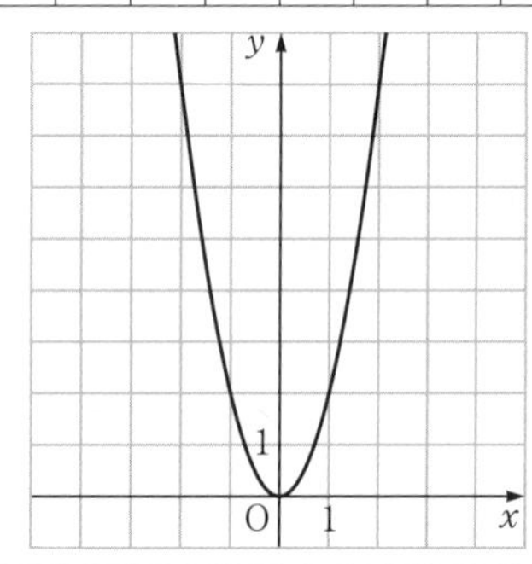

57b

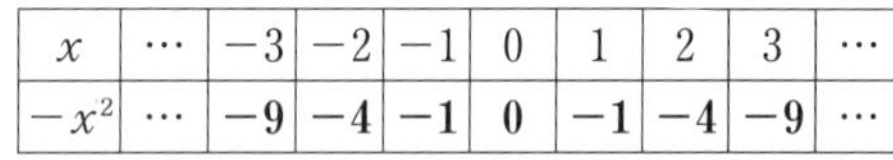

x	…	−3	−2	−1	0	1	2	3	…
$-x^2$	…	**−9**	**−4**	**−1**	**0**	**−1**	**−4**	**−9**	…

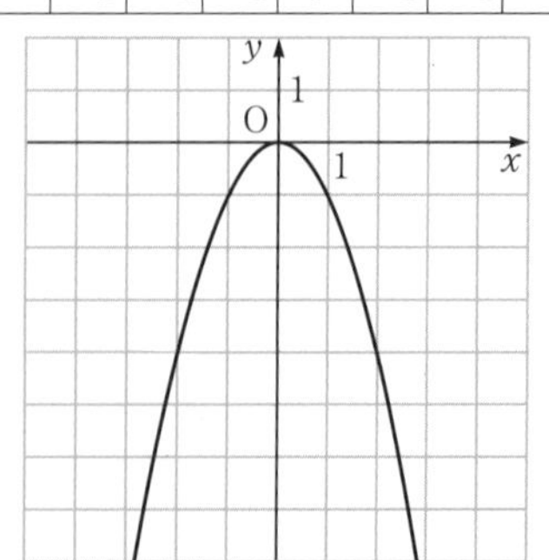

58a (ア) -2　(イ) 0　(ウ) -2

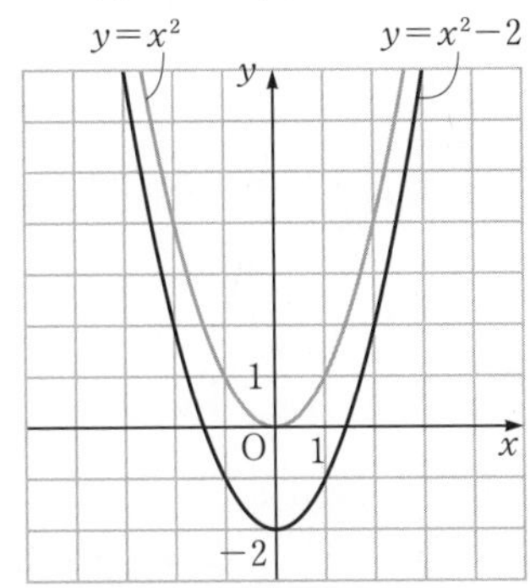

58b (ア) 3　(イ) 0　(ウ) 3

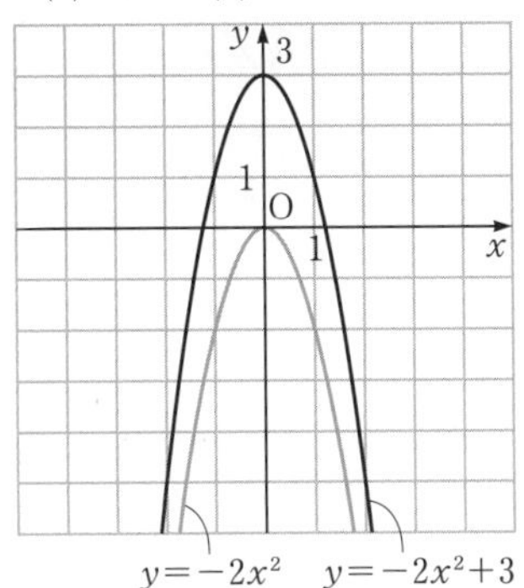

59a (1) (ア) 3　(イ) 3　(ウ) 3　(エ) 0

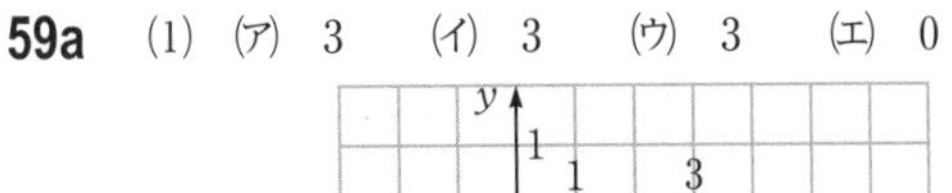

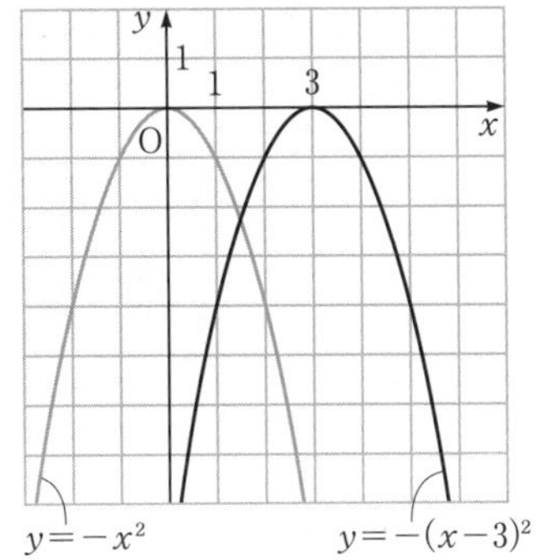

(2) (ア) -3　(イ) -3　(ウ) -3　(エ) 0

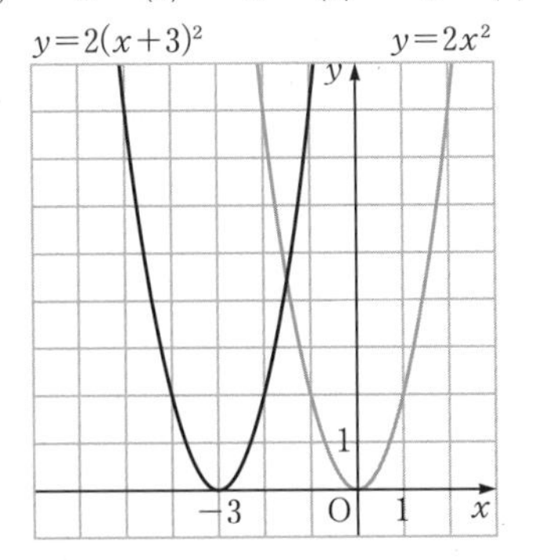

59b (1) (ア) -1　(イ) -1　(ウ) -1　(エ) 0

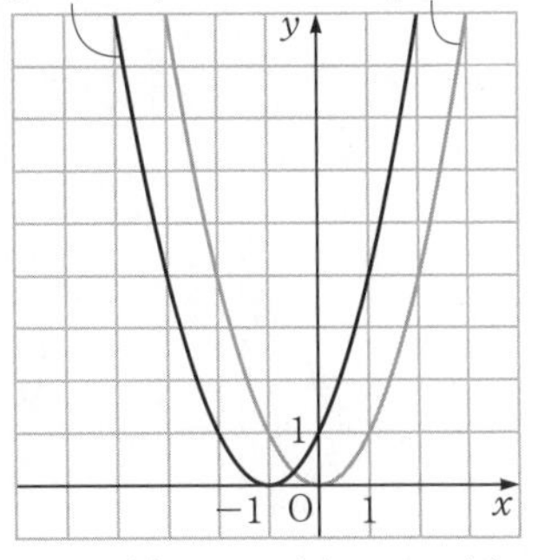

(2) (ア) 1　(イ) 1　(ウ) 1　(エ) 0

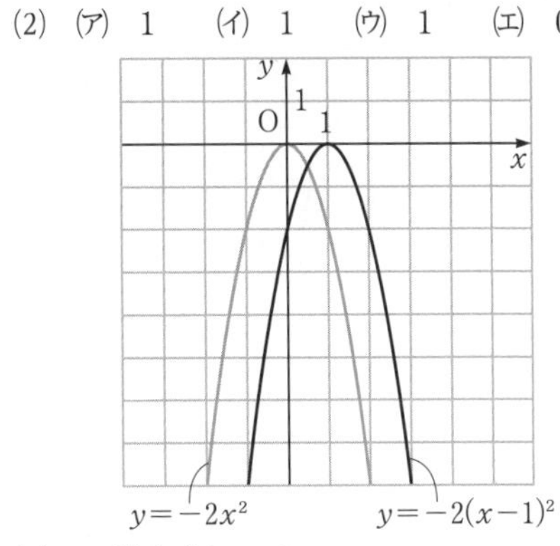

60a (1) x 軸方向に -3,
y 軸方向に 1
だけ平行移動したもの

(2) x 軸方向に 2,
y 軸方向に -4
だけ平行移動したもの

60b (1) x 軸方向に 1,
y 軸方向に 2
だけ平行移動したもの

(2) x 軸方向に -2,
y 軸方向に -1
だけ平行移動したもの

61a (1) (ア) -2　(イ) 3　(ウ) -2
(エ) -2　(オ) 3

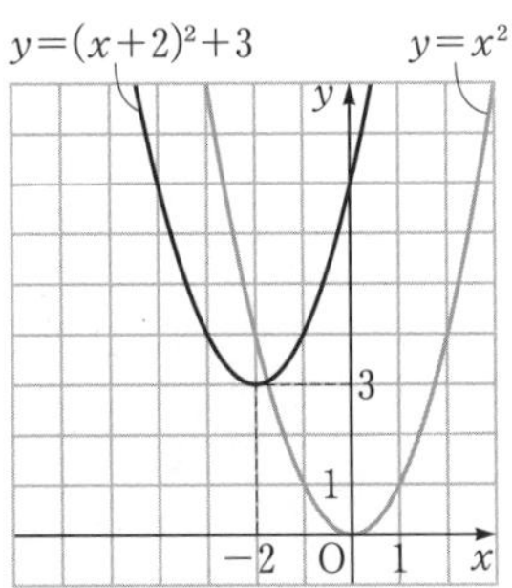

(2) (ア) 2　(イ) 4　(ウ) 2
(エ) 2　(オ) 4

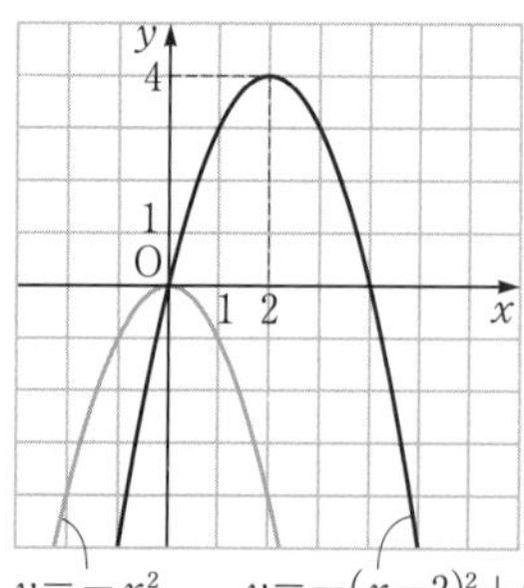

61b (1) (ア) -1　(イ) -1　(ウ) -1
(エ) -1　(オ) -1

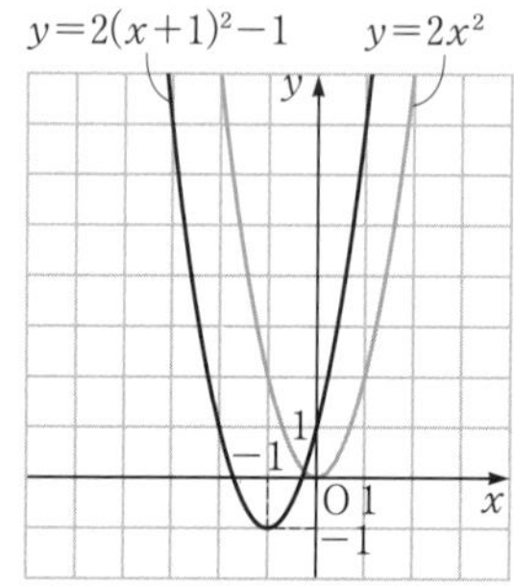

(2) (ア) 2　(イ) -1　(ウ) 2
(エ) 2　(オ) -1

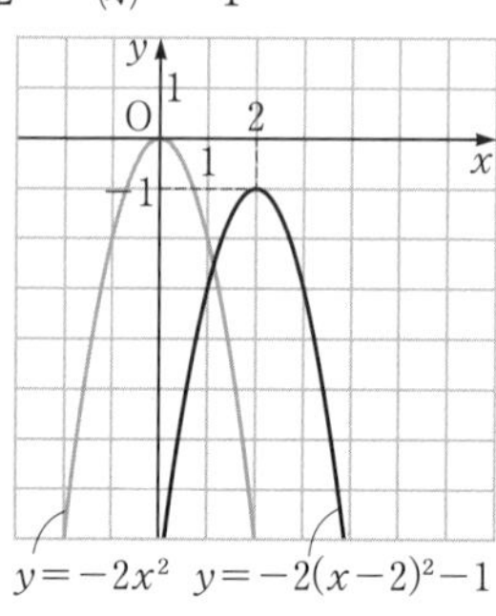

62a $y=2(x-3)^2-2$

62b $y=-(x+1)^2+4$

63a (1) $y=(x-2)^2-4$　(2) $y=(x+1)^2+5$
(3) $y=(x-3)^2-6$

63b (1) $y=(x+4)^2-16$　(2) $y=(x+2)^2-6$
(3) $y=(x-4)^2-19$

64a (1) $y=\left(x+\frac{1}{2}\right)^2+\frac{3}{4}$
(2) $y=\left(x-\frac{3}{2}\right)^2-\frac{17}{4}$

64b (1) $y=\left(x+\frac{3}{2}\right)^2+\frac{11}{4}$
(2) $y=\left(x-\frac{5}{2}\right)^2-\frac{21}{4}$

65a (1) $y=2(x+3)^2-9$　(2) $y=-(x+5)^2+15$

65b (1) $y=3(x-1)^2+2$　(2) $y=-2(x-1)^2-1$

66a 軸は直線 $x=2$，頂点は点$(2,\ 1)$

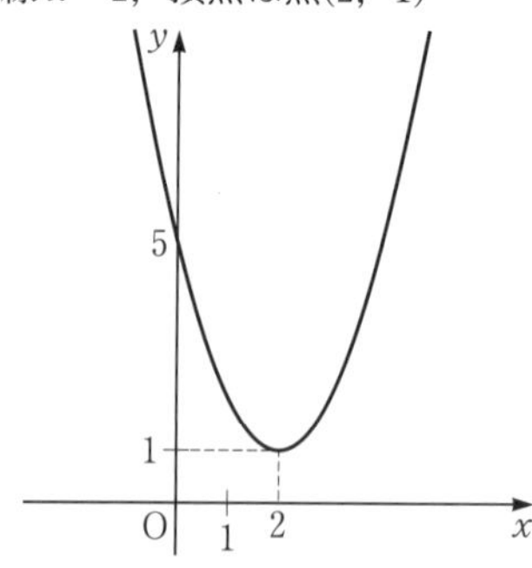

66b 軸は直線 $x=-1$，頂点は点$(-1,\ -7)$

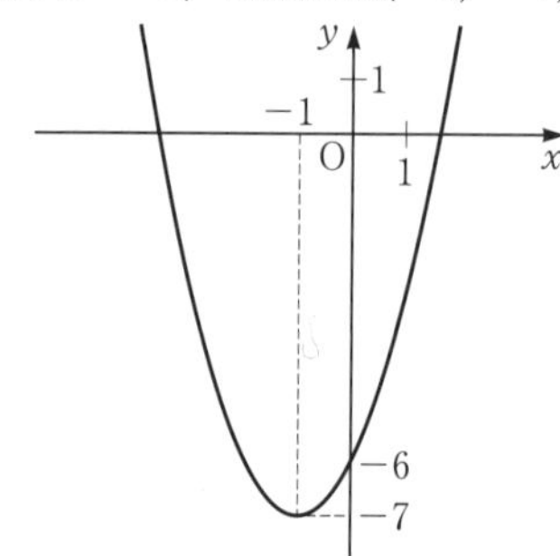

67a (1) 軸は直線 $x=1$，頂点は点$(1,\ 1)$

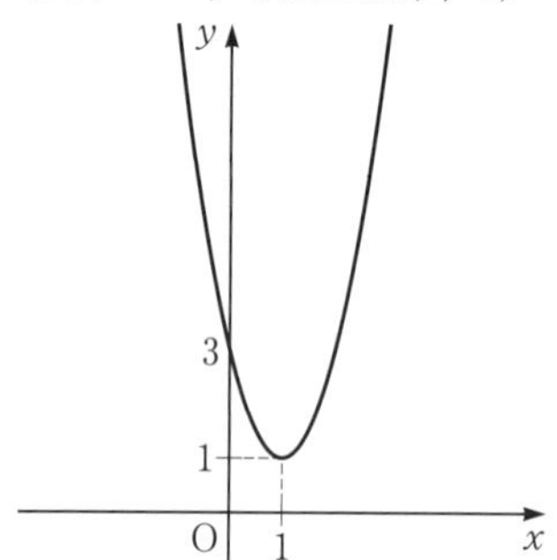

(2) 軸は直線 $x=-2$，頂点は点$(-2,\ 4)$

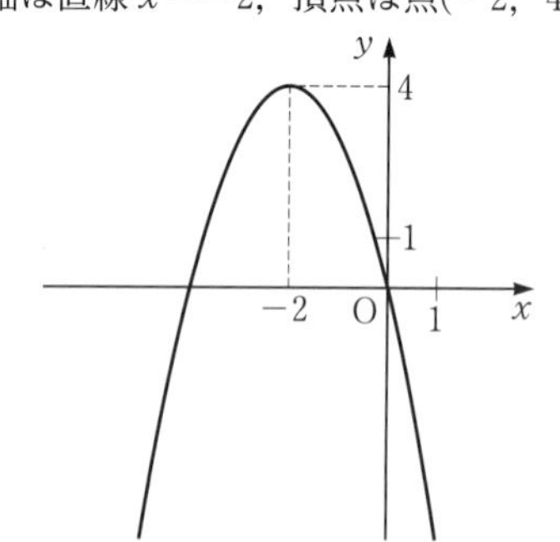

67b (1) 軸は直線 $x=-2$，頂点は点$(-2,\ -5)$

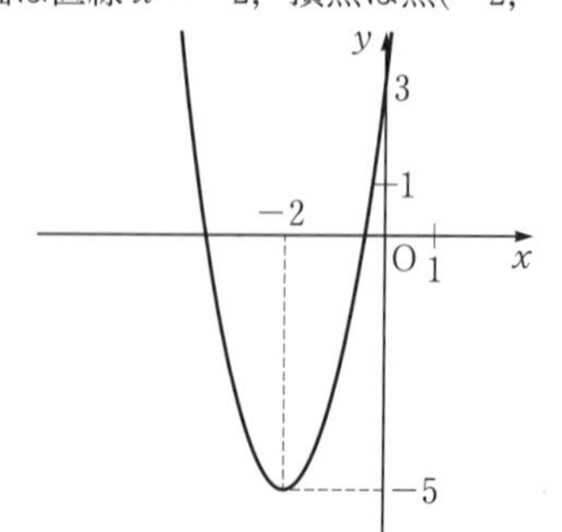

(2) 軸は直線 $x=1$，頂点は点 $(1,\ 0)$

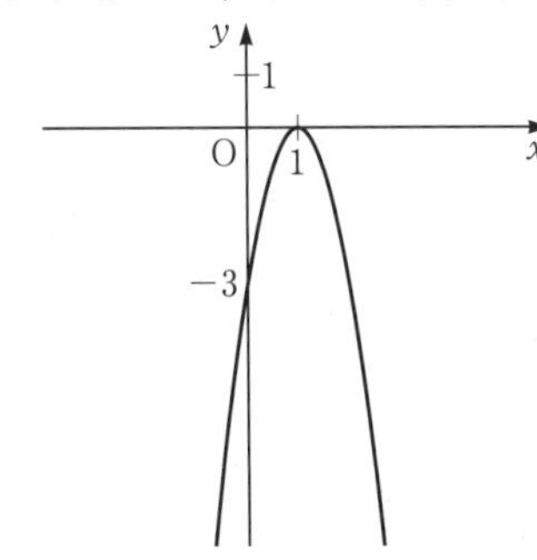

68a (1) $x=-1$ で最小値 -3 をとり，最大値はない。
(2) $x=2$ で最大値 4 をとり，最小値はない。

68b (1) $x=-3$ で最小値 0 をとり，最大値はない。
(2) $x=3$ で最大値 7 をとり，最小値はない。

69a (1) $x=-4$ で最小値 -19 をとり，最大値はない。
(2) $x=2$ で最小値 -9 をとり，最大値はない。
(3) $x=5$ で最大値 0 をとり，最小値はない。

69b (1) $x=2$ で最小値 5 をとり，最大値はない。
(2) $x=-2$ で最小値 -12 をとり，最大値はない。
(3) $x=-1$ で最大値 5 をとり，最小値はない。

70a (1) $x=-3$ で最大値 3，$x=-1$ で最小値 -1
(2) $x=1$ で最大値 3，$x=0$ で最小値 0
(3) $x=-2,\ 0$ で最大値 0，$x=-1$ で最小値 -1

70b (1) $x=1$ で最大値 3，$x=3$ で最小値 -1
(2) $x=0$ で最大値 2，$x=-1$ で最小値 -1
(3) $x=1$ で最大値 3，$x=-1,\ 3$ で最小値 -1

71a (1) $x=-2$ で最大値 6，$x=1$ で最小値 -3
(2) $x=0$ で最大値 1，$x=-1$ で最小値 -4

71b (1) $x=5$ で最大値 5，$x=3$ で最小値 -3
(2) $x=-1$ で最大値 5，$x=1$ で最小値 -3

72a $y=x^2-4x+7$

72b $y=-2x^2-4x-4$

73a $y=x^2-2x+3$

73b $y=-x^2-4x-1$

74a (1) $y=x^2+2x-3$ (2) $y=2x^2-3x+3$

74b (1) $y=x^2-2x+1$ (2) $y=-3x^2-2x+5$

75a (1) $x=3,\ 4$ (2) $x=0,\ -1$
(3) $x=-3,\ 3$

75b (1) $x=-3,\ -5$ (2) $x=0,\ \dfrac{3}{2}$
(3) $x=-3$

76a (1) $x=-3,\ -\dfrac{1}{2}$ (2) $x=2,\ -\dfrac{1}{4}$

76b (1) $x=-2,\ \dfrac{2}{3}$ (2) $x=\dfrac{3}{2},\ \dfrac{1}{4}$

77a (1) $x=\dfrac{-3\pm\sqrt{17}}{4}$ (2) $x=\dfrac{3\pm\sqrt{13}}{2}$

77b (1) $x=\dfrac{-5\pm\sqrt{17}}{4}$ (2) $x=\dfrac{9\pm\sqrt{21}}{6}$

78a (1) $x=-4\pm\sqrt{11}$ (2) $x=\dfrac{3\pm\sqrt{3}}{2}$

78b (1) $x=2\pm\sqrt{3}$ (2) $x=\dfrac{1\pm\sqrt{19}}{3}$

79a (1) 2 個 (2) 0 個 (3) 1 個

79b (1) 1 個 (2) 2 個 (3) 0 個

80a (1) $m\leqq 9$ (2) $m=9$ (3) $m>9$

80b (1) $m\leqq\dfrac{1}{8}$ (2) $m=\dfrac{1}{8}$ (3) $m>\dfrac{1}{8}$

81a (1) $x=-2,\ -3$ (2) $x=-3$
(3) $x=\dfrac{7\pm\sqrt{17}}{4}$

81b (1) $x=1,\ 5$ (2) $x=\dfrac{1}{2}$
(3) $x=2\pm\sqrt{2}$

82a (1) 2 個 (2) 0 個 (3) 1 個

82b (1) 1 個 (2) 0 個 (3) 2 個

83a $m<4$

83b $m<2$

84a $m=-\dfrac{9}{4}$

84b $m=0,\ 8$

85a (1) $x<1,\ 2<x$ (2) $-3<x<4$
(3) $x\leqq 3,\ 4\leqq x$

85b (1) $-6<x<1$ (2) $x\leqq -1,\ 2\leqq x$
(3) $x<0,\ 5<x$

86a (1) $x<-\dfrac{5}{2},\ -1<x$
(2) $-\dfrac{1}{4}<x<1$

86b (1) $-\dfrac{7}{3}\leqq x\leqq 1$ (2) $x<-\dfrac{2}{3},\ \dfrac{1}{2}<x$

87a (1) $x<\dfrac{5-\sqrt{13}}{2},\ \dfrac{5+\sqrt{13}}{2}<x$
(2) $1-\sqrt{2}\leqq x\leqq 1+\sqrt{2}$

87b (1) $\dfrac{1-\sqrt{13}}{2}<x<\dfrac{1+\sqrt{13}}{2}$
(2) $x<\dfrac{-2-\sqrt{2}}{2},\ \dfrac{-2+\sqrt{2}}{2}<x$

88a (1) $-7\leqq x\leqq 2$ (2) $-\dfrac{1}{2}<x<1$

88b (1) $x<-3,\ 5<x$
(2) $x\leqq\dfrac{-1-\sqrt{3}}{2},\ \dfrac{-1+\sqrt{3}}{2}\leqq x$

89a (1) -3 以外のすべての実数
(2) 解はない

89b (1) すべての実数 (2) $x=-2$

90a (1) すべての実数 (2) 解はない

90b (1) すべての実数 (2) 解はない

91a (1) $\sin A=\dfrac{12}{13},\ \cos A=\dfrac{5}{13},\ \tan A=\dfrac{12}{5}$
(2) $\sin A=\dfrac{4}{5},\ \cos A=\dfrac{3}{5},\ \tan A=\dfrac{4}{3}$

91b (1) $\sin A=\frac{1}{\sqrt{5}}$, $\cos A=\frac{2}{\sqrt{5}}$, $\tan A=\frac{1}{2}$

(2) $\sin A=\frac{15}{17}$, $\cos A=\frac{8}{17}$, $\tan A=\frac{15}{8}$

92a (1) $\sin A=\frac{3}{5}$, $\cos A=\frac{4}{5}$, $\tan A=\frac{3}{4}$

(2) $\sin A=\frac{1}{\sqrt{5}}$, $\cos A=\frac{2}{\sqrt{5}}$, $\tan A=\frac{1}{2}$

(3) $\sin A=\frac{2}{5}$, $\cos A=\frac{\sqrt{21}}{5}$, $\tan A=\frac{2}{\sqrt{21}}$

92b (1) $\sin A=\frac{2}{\sqrt{13}}$, $\cos A=\frac{3}{\sqrt{13}}$, $\tan A=\frac{2}{3}$

(2) $\sin A=\frac{2}{\sqrt{29}}$, $\cos A=\frac{5}{\sqrt{29}}$, $\tan A=\frac{2}{5}$

(3) $\sin A=\frac{\sqrt{3}}{2}$, $\cos A=\frac{1}{2}$, $\tan A=\sqrt{3}$

93a

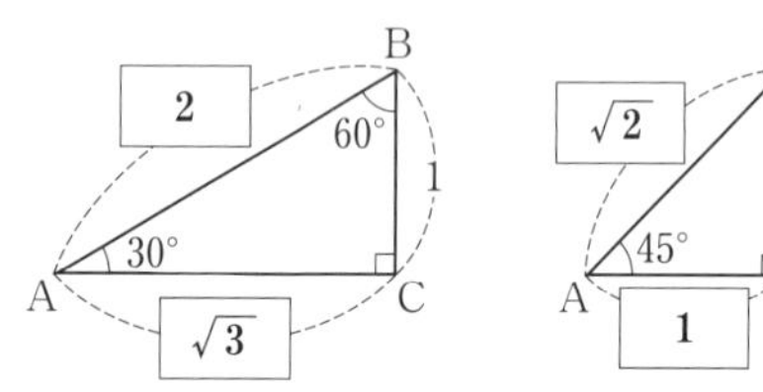

$\sin 30°=\frac{1}{2}$, $\sin 60°=\frac{\sqrt{3}}{2}$, $\sin 45°=\frac{1}{\sqrt{2}}$

93b

A	30°	45°	60°
$\sin A$	$\frac{1}{2}$	$\frac{1}{\sqrt{2}}$	$\frac{\sqrt{3}}{2}$
$\cos A$	$\frac{\sqrt{3}}{2}$	$\frac{1}{\sqrt{2}}$	$\frac{1}{2}$
$\tan A$	$\frac{1}{\sqrt{3}}$	1	$\sqrt{3}$

94a (1) 0.5446 (2) 0.9903 (3) 3.0777

94b (1) 0.7660 (2) 0.1564 (3) 0.2679

95a (1) $A=10°$ (2) $A=61°$ (3) $A=87°$

95b (1) $A=84°$ (2) $A=6°$ (3) $A=44°$

96a (1) $A\fallingdotseq 53°$ (2) $A\fallingdotseq 14°$

96b (1) $A\fallingdotseq 77°$ (2) $A\fallingdotseq 68°$

97a $BC=5\sqrt{2}$, $AC=5\sqrt{2}$

97b $BC=2$, $AC=2\sqrt{3}$

98a $2\sqrt{3}$

98b $5\sqrt{3}$

99a BC は 342m，AC は 940m

99b BC は 4.5m，AC は 8.9m

100a 8.4m

100b 73m

101a $\cos A=\frac{4}{5}$, $\tan A=\frac{3}{4}$

101b $\sin A=\frac{\sqrt{5}}{3}$, $\tan A=\frac{\sqrt{5}}{2}$

102a $\sin A=\frac{4}{\sqrt{17}}$, $\cos A=\frac{1}{\sqrt{17}}$

102b $\sin A=\frac{1}{\sqrt{5}}$, $\cos A=\frac{2}{\sqrt{5}}$

103a (1) $\cos 5°$ (2) $\sin 20°$ (3) $\frac{1}{\tan 15°}$

103b (1) $\cos 40°$ (2) $\sin 35°$ (3) $\frac{1}{\tan 10°}$

104a

θ	0°	30°	45°	60°	90°
$\sin\theta$	0	$\frac{1}{2}$	$\frac{1}{\sqrt{2}}$	$\frac{\sqrt{3}}{2}$	1
$\cos\theta$	1	$\frac{\sqrt{3}}{2}$	$\frac{1}{\sqrt{2}}$	$\frac{1}{2}$	0
$\tan\theta$	0	$\frac{1}{\sqrt{3}}$	1	$\sqrt{3}$	／

θ	120°	135°	150°	180°
$\sin\theta$	$\frac{\sqrt{3}}{2}$	$\frac{1}{\sqrt{2}}$	$\frac{1}{2}$	0
$\cos\theta$	$-\frac{1}{2}$	$-\frac{1}{\sqrt{2}}$	$-\frac{\sqrt{3}}{2}$	-1
$\tan\theta$	$-\sqrt{3}$	-1	$-\frac{1}{\sqrt{3}}$	0

104b

θ	0°	鋭角	90°	鈍角	180°
$\sin\theta$	0	＋	1	＋	0
$\cos\theta$	1	＋	0	－	-1
$\tan\theta$	0	＋	／	－	0

105a (1) 0.5736 (2) -0.9397 (3) -2.7475

105b (1) 0.9659 (2) -0.9063 (3) -0.1763

106a $\sin\theta=\frac{\sqrt{15}}{4}$, $\tan\theta=-\sqrt{15}$

106b $\cos\theta=-\frac{2\sqrt{2}}{3}$, $\tan\theta=-\frac{1}{2\sqrt{2}}$

107a (1) $\theta=60°$, $120°$ (2) $\theta=0°$, $180°$

107b (1) $\theta=45°$, $135°$ (2) $\theta=90°$

108a (1) $\theta=45°$ (2) $\theta=120°$

108b (1) $\theta=150°$ (2) $\theta=180°$

109a (1) $\theta=30°$ (2) $\theta=150°$

109b (1) $\theta=60°$ (2) $\theta=135°$

110a (1) $R=5$ (2) $R=1$

110b (1) $R=\sqrt{3}$ (2) $R=1$

111a (1) $a=\sqrt{2}$ (2) $c=2\sqrt{6}$ (3) $b=\frac{2\sqrt{3}}{3}$

111b (1) $c=2$ (2) $c=2\sqrt{6}$ (3) $a=\frac{\sqrt{6}}{2}$

112a (1) $a=2\sqrt{3}$ (2) $b=\sqrt{17}$

112b (1) $b=\sqrt{13}$ (2) $c=\sqrt{19}$

113a (1) $A=60°$ (2) $B=30°$ (3) $C=150°$

113b (1) $A=120°$ (2) $B=45°$
(3) $C=135°$

114a (1) $\frac{5\sqrt{3}}{2}$ (2) $\frac{3}{4}$ (3) $5\sqrt{2}$

114b (1) 3 (2) $3\sqrt{3}$ (3) $\frac{1}{2}$

115a (1) $\frac{7}{8}$ (2) $\frac{\sqrt{15}}{8}$ (3) $\frac{3\sqrt{15}}{4}$

115b (1) $\frac{1}{4}$ (2) $\frac{\sqrt{15}}{4}$ (3) $\frac{21\sqrt{15}}{4}$

116a (1) $A=\{1, 3, 5, 7, 9\}$
(2) $B=\{4, 8, 12, 16, 20, 24, 28\}$

116b (1) $A=\{1, 2, 4, 7, 14, 28\}$
(2) $B=\{-3, 3\}$

117a $P\subset A$, $Q\subset A$

117b $Q\subset A$

118a (1) $A\cap B=\{2, 4\}$,
$A\cup B=\{1, 2, 3, 4, 5, 6\}$
(2) $A\cap B=\{2, 4, 6\}$,
$A\cup B=\{1, 2, 3, 4, 6, 8, 12\}$

118b (1) $A\cap B=\varnothing$,
$A\cup B=\{1, 3, 5, 6, 7, 9, 12, 15\}$
(2) $A\cap B=\{1, 2, 5, 10\}$,
$A\cup B=\{1, 2, 3, 4, 5, 6, 10, 15, 20, 30\}$

119a (1) $\overline{A}=\{3, 5, 6, 9\}$
(2) $\overline{B}=\{1, 5, 6, 7, 9\}$
(3) $\overline{A\cup B}=\{5, 6, 9\}$

119b (1) $\overline{A}=\{1, 3, 5, 7, 9, 11, 13, 15\}$
(2) $\overline{B}=\{1, 2, 4, 5, 7, 8, 10, 11, 13, 14\}$
(3) $\overline{A\cap B}=\{1, 2, 3, 4, 5, 7, 8, 9, 10, 11, 13, 14, 15\}$

120a (1) 真である。
(2) 偽である。反例は $x=0$
(3) 偽である。反例は $x=-1$

120b (1) 偽である。反例は $x=2$
(2) 真である。
(3) 偽である。反例は $a=-2$, $b=1$

121a (1) 偽である。反例は $x=3$
(2) 真である。
(3) 真である。

121b (1) 偽である。反例は $x=2$
(2) 真である。
(3) 偽である。反例は $n=4$

122a (ア) 十分 (イ) 必要

122b (ア) 必要 (イ) 十分

123a (1) 必要 (2) 必要十分
(3) 十分 (4) 十分

123b (1) 十分 (2) 必要
(3) 必要十分 (4) 必要

124a (1) $x\leqq 7$ (2) $x>-2$
(3) $x\neq -1$

124b (1) $x\geqq -5$ (2) $x<0$
(3) $x=3$

125a (1) $x>0$ または $y>0$
(2) $x\leqq 1$ かつ $y\leqq -2$

125b (1) $x\neq -2$ かつ $y\neq -5$
(2) $x<-1$ または $y\geqq 3$

126a 逆は「$x>1 \Longrightarrow x>3$」であり，これは偽である。反例は $x=2$
裏は「$x\leqq 3 \Longrightarrow x\leqq 1$」であり，これは偽である。反例は $x=2$
対偶は「$x\leqq 1 \Longrightarrow x\leqq 3$」であり，これは真である。

126b 逆は「$x<1 \Longrightarrow x\leqq 4$」であり，これは真である。
裏は「$x>4 \Longrightarrow x\geqq 1$」であり，これは真である。
対偶は「$x\geqq 1 \Longrightarrow x>4$」であり，これは偽である。反例は $x=2$

127a この命題の対偶「n が偶数ならば，n^3 は偶数である。」を証明する。
n が偶数ならば，n は自然数 k を用いて
$n=2k$
と表すことができる。このとき
$n^3=(2k)^3=8k^3=2(4k^3)$
$4k^3$ は自然数であるから n^3 は偶数である。
対偶が真であるから，もとの命題も真である。

127b この命題の対偶「n が奇数ならば，n^2-1 は偶数である。」を証明する。
n が奇数ならば，n は 0 以上の整数 k を用いて
$n=2k+1$
と表すことができる。このとき
$n^2-1=(2k+1)^2-1=4k^2+4k$
$=2(2k^2+2k)$
$2k^2+2k$ は整数であるから，n^2-1 は偶数である。
対偶が真であるから，もとの命題も真である。

128a $\sqrt{2}+1$ が無理数でないと仮定すると，$\sqrt{2}+1$ は有理数であるから，有理数 a を用いて
$\sqrt{2}+1=a$
と表すことができる。
これを変形すると $\sqrt{2}=a-1$
a は有理数であるから，右辺の $a-1$ は有理数である。これは左辺の $\sqrt{2}$ が無理数であることに矛盾する。
したがって，$\sqrt{2}+1$ は無理数である。

128b $2\sqrt{3}$ が無理数でないと仮定すると，$2\sqrt{3}$ は有理数であるから，有理数 a を用いて

$2\sqrt{3}=a$

と表すことができる。

これを変形すると　$\sqrt{3}=\dfrac{a}{2}$

a は有理数であるから，右辺の $\dfrac{a}{2}$ は有理数である。これは左辺の $\sqrt{3}$ が無理数であることに矛盾する。

したがって，$2\sqrt{3}$ は無理数である。

129a (1) 5点　(2) 4点　(3) 4点

129b (1) 5点　(2) 7点　(3) 5点

130a (1)

階級(m)	階級値 x(m)	度数 f(人)	xf
9以上～11未満	**10**	2	**20**
11　～13	**12**	1	**12**
13　～15	**14**	5	**70**
15　～17	**16**	8	**128**
17　～19	**18**	3	**54**
19　～21	**20**	1	**20**
合計		20	**304**

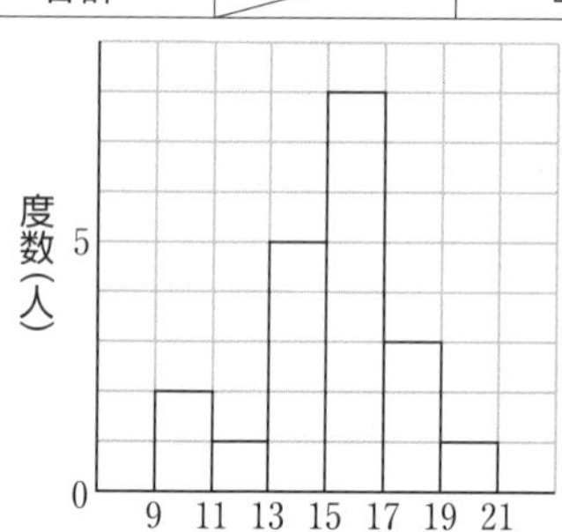

(2) 平均値は 15.2m，最頻値は 16m

130b (1)

階級(回)	階級値 x(回)	度数 f(人)	xf
36以上～40未満	**38**	1	**38**
40　～44	**42**	1	**42**
44　～48	**46**	4	**184**
48　～52	**50**	7	**350**
52　～56	**54**	5	**270**
56　～60	**58**	2	**116**
合計		20	**1000**

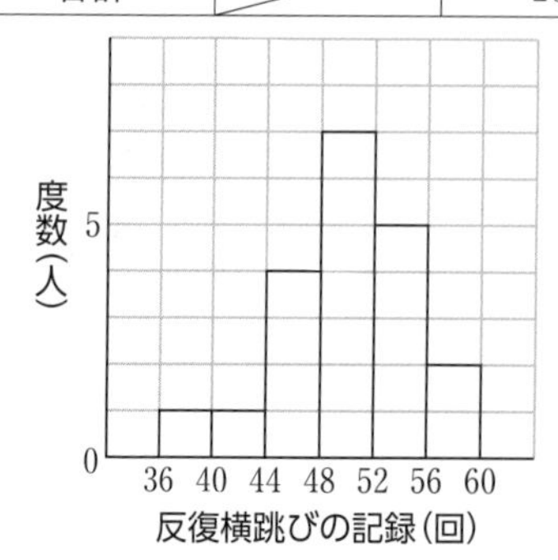

(2) 平均値は50回，最頻値は50回

131a (1) 4　(2) 19

131b (1) 5　(2) 44

132a (1) $Q_1=2$，$Q_2=3$，$Q_3=4$

(2) $Q_1=3$，$Q_2=6$，$Q_3=10$

132b (1) $Q_1=3$，$Q_2=8$，$Q_3=9$

(2) $Q_1=2$，$Q_2=3$，$Q_3=9$

133a (1) 四分位範囲は18，四分位偏差は 9

(2) 四分位範囲は20，四分位偏差は10

133b (1) 四分位範囲は44，四分位偏差は22

(2) 四分位範囲は 6，四分位偏差は 3

134a

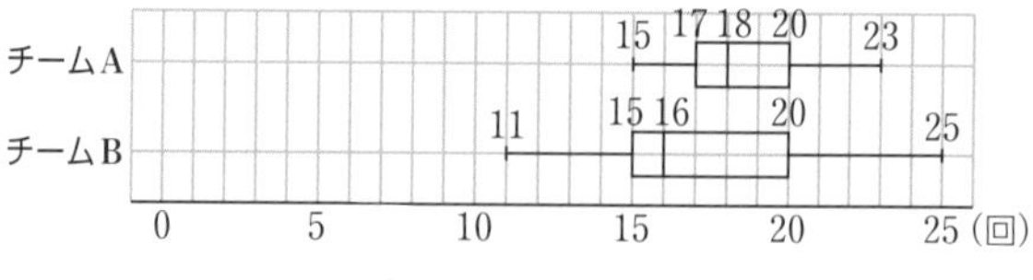

チームAの方が散らばり具合が小さいといえる。

134b

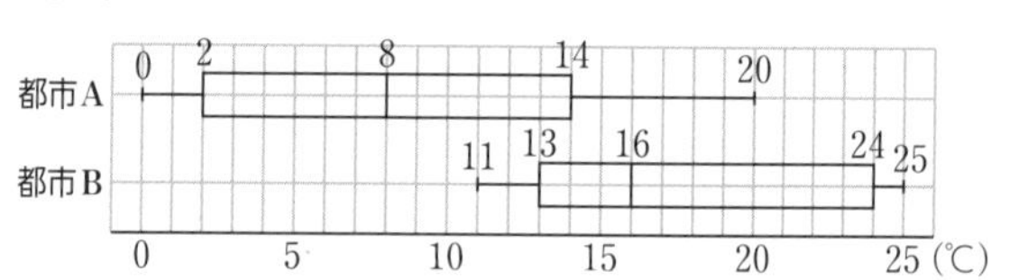

都市Bの方が散らばり具合が小さいといえる。

135a 外れ値は18

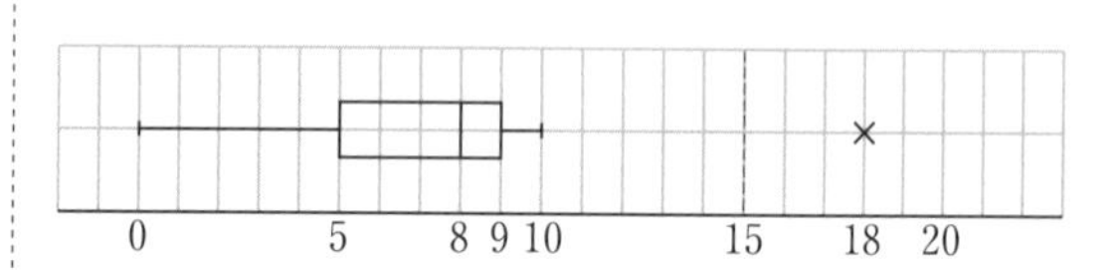

135b 外れ値は 4 と21

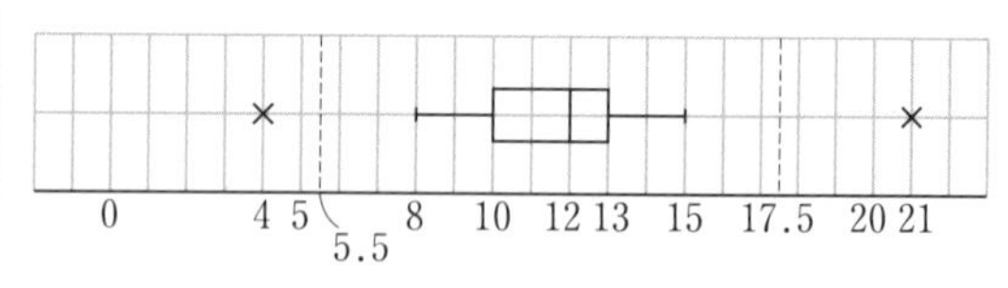

136a (1) 4

(2) −3，−1，0，1，3

(3) (2)より

$-3-1+0+1+3=0$

であるから，偏差の合計は 0 である。

136b (1) 19分

(2) −9，−3，−1，5，8(分)

(3) (2)より

$-9-3-1+5+8=0$

であるから，偏差の合計は 0 である。

137a $s^2=4$，$s=2$(点)

137b $s^2=9$，$s=3$(回)

138a (1)

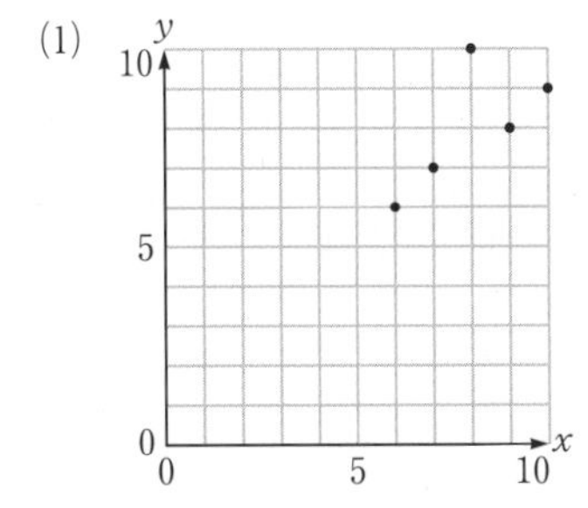

(2) 偏差の積は　4
であり，符号は正である。

(3) ①

138b (1)

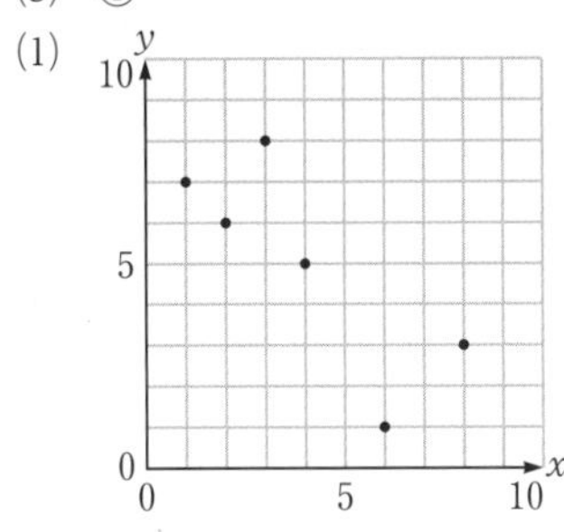

(2) 偏差の積は　-3
であり，符号は負である。

(3) ②

139a

生徒	x	y	$x-\overline{x}$	$y-\overline{y}$	$(x-\overline{x})^2$	$(y-\overline{y})^2$	$(x-\overline{x})(y-\overline{y})$
A	6	6	-2	-2	4	4	4
B	8	10	0	2	0	4	0
C	7	7	-1	-1	1	1	1
D	10	9	2	1	4	1	2
E	9	8	1	0	1	0	0
合計	40	40	0	0	10	10	7

相関係数は　0.7

139b

生徒	x	y	$x-\overline{x}$	$y-\overline{y}$	$(x-\overline{x})^2$	$(y-\overline{y})^2$	$(x-\overline{x})(y-\overline{y})$
A	3	8	-1	3	1	9	-3
B	4	5	0	0	0	0	0
C	1	7	-3	2	9	4	-6
D	2	6	-2	1	4	1	-2
E	6	1	2	-4	4	16	-8
F	8	3	4	-2	16	4	-8
合計	24	30	0	0	34	34	-27

相関係数は　-0.79

数学A

1a (1) $A=\{2,\ 4,\ 6,\ 8\}$
(2) $B=\{6,\ 12,\ 18,\ 24,\ 30\}$

1b (1) $A=\{1,\ 2,\ 3,\ 6,\ 9,\ 18\}$
(2) $B=\{-4,\ 4\}$

2a $P\subset A, Q\subset A$

2b $Q\subset A$

3a (1) $A\cap B=\{3,\ 4\}$,
$A\cup B=\{1,\ 2,\ 3,\ 4,\ 5,\ 7\}$
(2) $A\cap B=\{1,\ 3\}$,
$A\cup B=\{1,\ 2,\ 3,\ 4,\ 5,\ 6,\ 7,\ 9,\ 12\}$

3b (1) $A\cap B=\varnothing$,
$A\cup B=\{2,\ 3,\ 4,\ 6,\ 8,\ 10,\ 12,\ 15\}$
(2) $A\cap B=\{1,\ 2,\ 4\}$,
$A\cup B=\{1,\ 2,\ 4,\ 5,\ 7,\ 10,\ 14,\ 20,\ 28\}$

4a (1) $\overline{A}=\{3,\ 5,\ 6,\ 9\}$
(2) $\overline{B}=\{2,\ 5,\ 6,\ 8,\ 9\}$
(3) $\overline{A\cap B}=\{2,\ 3,\ 5,\ 6,\ 8,\ 9\}$

4b (1) $\overline{A}=\{1,\ 3,\ 5,\ 7,\ 9\}$
(2) $\overline{B}=\{1,\ 2,\ 4,\ 5,\ 7,\ 8,\ 10\}$
(3) $\overline{A\cup B}=\{1,\ 5,\ 7\}$

5a (1) 7　(2) 25

5b (1) 10　(2) 16

6a 14

6b 19

7a 5個

7b 42個

8a (1) 2個　(2) 32個

8b (1) 16個　(2) 67個

9a 15通り

9b 12通り

10a (1) 8通り　(2) 6通り　(3) 6通り

10b (1) 7通り　(2) 3通り　(3) 9通り

11a (1) 24通り　(2) 12通り

11b (1) 15通り　(2) 36通り

12a 24通り

12b 27通り

13a (1) 8個　(2) 10個

13b (1) 8個　(2) 16個

14a (1) 24　(2) 72　(3) 12　(4) 120

14b (1) 360　(2) 720　(3) 6　(4) 168

15a 990通り

15b 840通り

16a (1) 240　(2) 20

16b (1) 144　(2) $\dfrac{1}{56}$

17a 120通り

17b 720通り

18a (1) 120個 (2) 48個 (3) 24個
18b (1) 210個 (2) 120個 (3) 30個
19a (1) 240通り (2) 48通り
19b (1) 1440通り (2) 2400通り
20a (1) 81個 (2) 216通り
20b (1) 32通り (2) 243通り
21a 64通り
21b 243通り
22a (1) 720通り (2) 5040通り
22b (1) 40320通り (2) 6通り
23a (1) 45 (2) 70 (3) 5 (4) 60
23b (1) 220 (2) 126 (3) 1 (4) $\frac{5}{12}$
24a (1) 56 (2) 66 (3) 100
24b (1) 55 (2) 15 (3) 1
25a (1) 120通り (2) 792通り
25b (1) 21通り (2) 15試合
26a 56個
26b 210個
27a 2520通り
27b 120通り
28a 60通り
28b 100通り
29a (1) 20通り (2) 10通り
29b (1) 2520通り (2) 105通り
30a (1) 35個 (2) 756個
30b (1) 60個 (2) 3150通り
31a (1) 70通り (2) 4通り (3) 16通り
31b (1) 126通り (2) 20通り (3) 60通り
32a (1) $U=\{(\mathrm{H},\ \mathrm{H},\ \mathrm{H}),\ (\mathrm{H},\ \mathrm{H},\ \mathrm{T}),\ (\mathrm{H},\ \mathrm{T},\ \mathrm{H}),\ (\mathrm{H},\ \mathrm{T},\ \mathrm{T}),\ (\mathrm{T},\ \mathrm{H},\ \mathrm{H}),\ (\mathrm{T},\ \mathrm{H},\ \mathrm{T}),\ (\mathrm{T},\ \mathrm{T},\ \mathrm{H}),\ (\mathrm{T},\ \mathrm{T},\ \mathrm{T})\}$
(2) $A=\{(\mathrm{H},\ \mathrm{H},\ \mathrm{T}),\ (\mathrm{H},\ \mathrm{T},\ \mathrm{H}),\ (\mathrm{T},\ \mathrm{H},\ \mathrm{H})\}$
32b (1) A＝{(グ，チ，チ)，(チ，パ，パ)，(パ，グ，グ)}
(2) B＝{(グ，グ，グ)，(チ，チ，チ)，(パ，パ，パ)，(グ，チ，パ)，(グ，パ，チ)，(チ，グ，パ)，(チ，パ，グ)，(パ，グ，チ)，(パ，チ，グ)}
33a $\frac{4}{7}$
33b $\frac{1}{2}$
34a (1) $\frac{1}{9}$ (2) $\frac{4}{9}$
34b (1) $\frac{1}{9}$ (2) $\frac{1}{6}$
35a $\frac{4}{35}$
35b $\frac{14}{55}$
36a $\frac{10}{21}$
36b $\frac{18}{35}$
37a $\frac{1}{3}$
37b $\frac{3}{10}$
38a AとB，BとC
38b BとC
39a $\frac{3}{7}$
39b $\frac{13}{28}$
40a $\frac{9}{20}$
40b $\frac{2}{5}$
41a (1) 「同じ目が出る」
(2) 「少なくとも1枚は表が出る」
41b (1) 「目の積が奇数である」
(2) 「2本ともはずれる」
42a $\frac{3}{4}$
42b $\frac{21}{25}$
43a (1) $\frac{3}{4}$ (2) $\frac{5}{7}$
43b (1) $\frac{7}{8}$ (2) $\frac{41}{55}$
44a $\frac{1}{2}$
44b $\frac{7}{20}$
45a $\frac{5}{324}$
45b $\frac{15}{64}$
46a $\frac{112}{243}$
46b $\frac{16}{27}$
47a (1) $\frac{1}{3}$ (2) $\frac{1}{3}$
47b (1) $\frac{3}{10}$ (2) $\frac{1}{2}$
48a $\frac{2}{5}$

48b $\frac{9}{44}$

49a (1) $\frac{2}{5}$ (2) $\frac{2}{5}$

49b (1) $\frac{3}{10}$ (2) $\frac{7}{15}$

50a 725円

50b 45円

51a $\frac{4}{5}$ 個

51b $\frac{3}{5}$ 本

52a 不利である。

52b 有利である。

53a $x=8$，$y=25$

53b $x=6$，$y=6$

54a $x=\frac{9}{4}$，$y=\frac{3}{2}$

54b $x=4$，$y=12$

55a

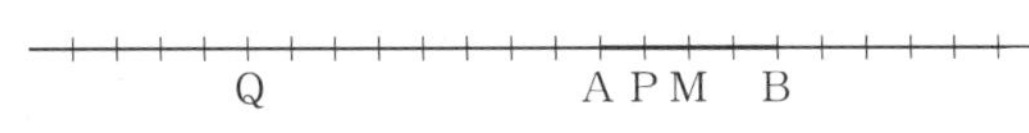

55b

56a (1) $x=3$ (2) $x=3$

56b (1) $x=8$ (2) $x=15$

57a (1) $x=2$ (2) $x=8$

57b (1) $x=\frac{15}{2}$ (2) $x=10$

58a BP$=\frac{7}{3}$，CQ$=10$

58b PC$=\frac{6}{5}$，BQ$=9$

59a (1) $x=27°$ (2) $x=35°$

59b (1) $x=68°$ (2) $x=150°$

60a (1) $x=130°$ (2) $x=30°$ (3) $x=110°$

60b (1) $x=23°$ (2) $x=120°$ (3) $x=100°$

61a $x=8$，$y=4$

61b $x=3$，$y=2$

62a (1) AG：AD$=2:3$ (2) AB$=15$
(3) PG$=4$

62b (1) AQ：QC$=2:1$ (2) AQ$=8$
(3) BC$=12$

63a (1) $x=60°$ (2) $x=20°$，$y=30°$

63b (1) $x=60°$ (2) $x=40°$，$y=120°$

64a (1) $x=30°$，$y=60°$ (2) $x=30°$，$y=60°$

64b (1) $x=20°$，$y=70°$ (2) $x=15°$，$y=75°$

65a 同一円周上にある。

65b 同一円周上にない。

66a (1) $x=105°$，$y=120°$ (2) $x=75°$，$y=45°$

66b (1) $x=80°$，$y=70°$ (2) $x=95°$，$y=95°$

67a $x=20°$，$y=70°$

67b $x=110°$，$y=30°$

68a (1) 円に内接する。 (2) 円に内接する。

68b (1) 円に内接しない。 (2) 円に内接しない。

69a (1) 6 (2) 2 (3) 8

69b (1) 2 (2) 6 (3) 8

70a $x=60°$，$y=70°$

70b $x=85°$，$y=45°$

71a (1) $x=40°$，$y=100°$ (2) $x=65°$，$y=70°$

71b (1) $x=55°$，$y=20°$ (2) $x=40°$，$y=110°$

72a (1) $x=6$ (2) $x=13$

72b (1) $x=12$ (2) $x=2\sqrt{5}$

73a (1) $x=9$ (2) $x=5$

73b (1) $x=5$ (2) $x=5$

74a (1) $x=8$ (2) $x=6$

74b (1) $x=15$ (2) $x=4$

75a (1) $d=12$ (2) $2<d<12$
(3) $d<2$

75b (1) $d=5$ (2) $d>13$ (3) $5<d<13$

76a (1) 12 (2) 12

76b (1) $4\sqrt{6}$ (2) $\sqrt{35}$

77a (1) 90° (2) 45° (3) 90°

77b (1) 60° (2) 90° (3) 45°

78a (1) 90° (2) 45°

78b (1) 45° (2) 30°

79a 2の倍数は ② 5の倍数は ③

79b 2の倍数は ②，③ 5の倍数は ①，③

80a ①，③

80b ①

81a 3の倍数は ①，② 9の倍数は ②

81b 3の倍数は ①，③ 9の倍数は ③

82a 8

82b 2，5，8

83a (1) 12 (2) 45

83b (1) 42 (2) 24

84a 12

84b 11

85a $\frac{5}{21}$

85b $\frac{10}{23}$

86a (1) $x=3k$，$y=2k$ （k は整数）
(2) $x=7k$，$y=2k-2$ （k は整数）

86b (1) $x=8k$，$y=-5k$ （k は整数）
(2) $x=10k+1$，$y=3k$ （k は整数）

87a (1) $x=2k+1$，$y=7k+3$ （k は整数）
(2) $x=4k-1$，$y=-3k+1$ （k は整数）

87b (1) $x=15k+2$，$y=8k+1$ （k は整数）
(2) $x=2k+1$，$y=-5k-2$ （k は整数）

88a (1) 7　(2) 12

88b (1) 10　(2) 29

89a (1) $10010_{(2)}$　(2) $101111_{(2)}$

89b (1) $100000_{(2)}$　(2) $1011001_{(2)}$

90a (1) 0.625　(2) 1.4375

90b (1) 0.3125　(2) 1.5625

●補充問題

1 (1) x^2+4x+4　(2) $x^2+10xy+25y^2$
(3) $16x^2-8x+1$　(4) $9x^2-12xy+4y^2$
(5) x^2-4　(6) $4x^2-9y^2$

2 (1) $x^2-2x-24$　(2) $x^2+xy-12y^2$
(3) $6x^2+5x-4$　(4) $2x^2-7x+6$
(5) $3x^2+7xy+2y^2$　(6) $12x^2-xy-6y^2$

3 (1) $3x(2x-3y)$　(2) $(a-b)(x-1)$
(3) $(3x-2)^2$　(4) $(4x+y)^2$
(5) $(2x+1)(2x-1)$　(6) $(3x+5y)(3x-5y)$
(7) $(x+1)(x+7)$　(8) $(x-2)(x-9)$
(9) $(x+6)(x-2)$　(10) $(x+4)(x-5)$
(11) $(x+y)(x+3y)$　(12) $(x+y)(x-10y)$

4 (1) $(x+2)(5x+1)$　(2) $(x+2)(3x+4)$
(3) $(x-1)(2x-5)$　(4) $(x-3)(2x-3)$
(5) $(x+1)(2x-1)$　(6) $(2x+3)(3x-2)$
(7) $(x-2)(3x+2)$　(8) $(x-4)(2x+3)$
(9) $(x+y)(3x+2y)$　(10) $(2x-y)(3x-y)$
(11) $(x+6y)(2x-y)$　(12) $(x-2y)(5x+2y)$

5 (1) $2\sqrt{2}$　(2) $\sqrt{5}+5\sqrt{2}$
(3) $7+\sqrt{15}$　(4) $6-5\sqrt{2}$
(5) 3　(6) $12-2\sqrt{35}$

6 (1) $\frac{\sqrt{6}}{2}$　(2) $\frac{3\sqrt{2}}{2}$
(3) $2-\sqrt{3}$　(4) $\frac{7+2\sqrt{10}}{3}$

7 (1) $x>1$　(2) $x \geqq 1$　(3) $x<-3$
(4) $x \geqq -1$　(5) $x \geqq \frac{2}{5}$　(6) $x<-2$
(7) $x \geqq 2$　(8) $x<-\frac{4}{3}$　(9) $x<7$
(10) $x \geqq \frac{1}{10}$

8 (1) $y=(x-2)^2+1$　(2) $y=(x+3)^2-5$
(3) $y=\left(x+\frac{1}{2}\right)^2-\frac{13}{4}$　(4) $y=\left(x-\frac{3}{2}\right)^2-\frac{1}{4}$
(5) $y=2(x+1)^2+3$　(6) $y=3(x-2)^2-16$
(7) $y=-(x-2)^2+6$　(8) $y=-2(x+3)^2+19$

9 (1) $x=-2,\ -5$　(2) $x=-3,\ 7$
(3) $x=0,\ -\frac{1}{2}$　(4) $x=1$
(5) $x=-\frac{1}{3},\ 1$　(6) $x=\frac{1}{2},\ -\frac{2}{3}$
(7) $x=\frac{-3\pm\sqrt{5}}{2}$　(8) $x=\frac{1\pm\sqrt{33}}{4}$
(9) $x=2\pm\sqrt{10}$　(10) $x=\frac{-3\pm\sqrt{15}}{3}$

10 (1) $-4<x<2$　(2) $x \leqq -5,\ -1 \leqq x$
(3) $-3 \leqq x \leqq 0$　(4) $x<-2,\ 2<x$
(5) $x \leqq -\frac{3}{2},\ 2 \leqq x$
(6) $\frac{5-\sqrt{13}}{6}<x<\frac{5+\sqrt{13}}{6}$

11 (1) 2以外のすべての実数
(2) $x=-4$
(3) すべての実数
(4) 解はない

12 (1) ① 6　② 7　③ 13　④ 25
(2) 23個　(3) 43個

13 (1) 6　(2) 840　(3) 10　(4) 2
(5) 1800　(6) 5040　(7) 48　(8) 504

14 (1) 336通り　(2) 120通り

15 (1) 120　(2) 55　(3) 7　(4) 1
(5) 560　(6) 50　(7) 63　(8) $\frac{5}{28}$

16 (1) 126通り　(2) 364通り

17 (1) $\frac{3}{10}$　(2) $\frac{1}{5}$　(3) $\frac{1}{4}$

18 (1) $\frac{1}{19}$　(2) $\frac{10}{21}$　(3) $\frac{15}{28}$

19 (1) BP=7　(2) $CQ=\frac{15}{2}$

20 (1) $x=75°,\ y=75°$　(2) $x=120°,\ y=70°$

21 (1) $x=105°,\ y=45°$　(2) $x=40°,\ y=50°$

22 (1) 3の倍数であり，4の倍数でなく，9の倍数でない。
(2) 3の倍数であり，4の倍数であり，9の倍数である。
(3) 3の倍数でなく，4の倍数でなく，9の倍数でない。
(4) 3の倍数であり，4の倍数であり，9の倍数でない。

23 (1) ① 27　② 46
(2) ① $110011_{(2)}$　② $1101110_{(2)}$

新課程版　ネオパル数学 Ⅰ・A

2022年１月10日　初版　　第１刷発行

編　者　第一学習社編集部

発行者　松　本　洋　介

発行所　株式会社 第一学習社

東京：東京都千代田区二番町５番５号 〒102-0084 ☎03-5276-2700
大阪：吹田市広芝町８番24号 〒564-0052 ☎06-6380-1391
広島：広島市西区横川新町７番14号 〒733-8521 ☎082-234-6800

札　幌☎011-811-1848　仙台☎022-271-5313　新潟☎025-290-6077
つくば☎029-853-1080　東京☎03-5803-2131　横浜☎045-953-6191
名古屋☎052-769-1339　神戸☎078-937-0255　広島☎082-222-8565
福　岡☎092-771-1651

訂正情報配信サイト 26851-01
❶利用については，先生の指示にしたがってください。
❷利用に際しては，一般に，通信料が発生します。
https://dg-w.jp/f/43496

書籍コード　26851-01

＊落丁，乱丁本はおとりかえいたします。
解答は個人のお求めには応じられません。

ISBN978-4-8040-2685-5　　ホームページ　http://www.daiichi-g.co.jp/

平方・立方・平方根の表

n	n^2	n^3	$\sqrt{n}$	$\sqrt{10n}$	n	n^2	n^3	$\sqrt{n}$	$\sqrt{10n}$
1	1	1	1.0000	3.1623	**51**	2601	132651	7.1414	22.5832
2	4	8	1.4142	4.4721	**52**	2704	140608	7.2111	22.8035
3	9	27	1.7321	5.4772	**53**	2809	148877	7.2801	23.0217
4	16	64	2.0000	6.3246	**54**	2916	157464	7.3485	23.2379
5	25	125	2.2361	7.0711	**55**	3025	166375	7.4162	23.4521
6	36	216	2.4495	7.7460	**56**	3136	175616	7.4833	23.6643
7	49	343	2.6458	8.3666	**57**	3249	185193	7.5498	23.8747
8	64	512	2.8284	8.9443	**58**	3364	195112	7.6158	24.0832
9	81	729	3.0000	9.4868	**59**	3481	205379	7.6811	24.2899
10	100	1000	3.1623	10.0000	**60**	3600	216000	7.7460	24.4949
11	121	1331	3.3166	10.4881	**61**	3721	226981	7.8102	24.6982
12	144	1728	3.4641	10.9545	**62**	3844	238328	7.8740	24.8998
13	169	2197	3.6056	11.4018	**63**	3969	250047	7.9373	25.0998
14	196	2744	3.7417	11.8322	**64**	4096	262144	8.0000	25.2982
15	225	3375	3.8730	12.2474	**65**	4225	274625	8.0623	25.4951
16	256	4096	4.0000	12.6491	**66**	4356	287496	8.1240	25.6905
17	289	4913	4.1231	13.0384	**67**	4489	300763	8.1854	25.8844
18	324	5832	4.2426	13.4164	**68**	4624	314432	8.2462	26.0768
19	361	6859	4.3589	13.7840	**69**	4761	328509	8.3066	26.2679
20	400	8000	4.4721	14.1421	**70**	4900	343000	8.3666	26.4575
21	441	9261	4.5826	14.4914	**71**	5041	357911	8.4261	26.6458
22	484	10648	4.6904	14.8324	**72**	5184	373248	8.4853	26.8328
23	529	12167	4.7958	15.1658	**73**	5329	389017	8.5440	27.0185
24	576	13824	4.8990	15.4919	**74**	5476	405224	8.6023	27.2029
25	625	15625	5.0000	15.8114	**75**	5625	421875	8.6603	27.3861
26	676	17576	5.0990	16.1245	**76**	5776	438976	8.7178	27.5681
27	729	19683	5.1962	16.4317	**77**	5929	456533	8.7750	27.7489
28	784	21952	5.2915	16.7332	**78**	6084	474552	8.8318	27.9285
29	841	24389	5.3852	17.0294	**79**	6241	493039	8.8882	28.1069
30	900	27000	5.4772	17.3205	**80**	6400	512000	8.9443	28.2843
31	961	29791	5.5678	17.6068	**81**	6561	531441	9.0000	28.4605
32	1024	32768	5.6569	17.8885	**82**	6724	551368	9.0554	28.6356
33	1089	35937	5.7446	18.1659	**83**	6889	571787	9.1104	28.8097
34	1156	39304	5.8310	18.4391	**84**	7056	592704	9.1652	28.9828
35	1225	42875	5.9161	18.7083	**85**	7225	614125	9.2195	29.1548
36	1296	46656	6.0000	18.9737	**86**	7396	636056	9.2736	29.3258
37	1369	50653	6.0828	19.2354	**87**	7569	658503	9.3274	29.4958
38	1444	54872	6.1644	19.4936	**88**	7744	681472	9.3808	29.6648
39	1521	59319	6.2450	19.7484	**89**	7921	704969	9.4340	29.8329
40	1600	64000	6.3246	20.0000	**90**	8100	729000	9.4868	30.0000
41	1681	68921	6.4031	20.2485	**91**	8281	753571	9.5394	30.1662
42	1764	74088	6.4807	20.4939	**92**	8464	778688	9.5917	30.3315
43	1849	79507	6.5574	20.7364	**93**	8649	804357	9.6437	30.4959
44	1936	85184	6.6332	20.9762	**94**	8836	830584	9.6954	30.6594
45	2025	91125	6.7082	21.2132	**95**	9025	857375	9.7468	30.8221
46	2116	97336	6.7823	21.4476	**96**	9216	884736	9.7980	30.9839
47	2209	103823	6.8557	21.6795	**97**	9409	912673	9.8489	31.1448
48	2304	110592	6.9282	21.9089	**98**	9604	941192	9.8995	31.3050
49	2401	117649	7.0000	22.1359	**99**	9801	970299	9.9499	31.4643
50	2500	125000	7.0711	22.3607	**100**	10000	1000000	10.0000	31.6228